Piotr Dudziński

Lenksysteme für Nutzfahrzeuge

Piotr Dudziński

Lenksysteme für Nutzfahrzeuge

Mit 131 Abbildungen

Prof. Piotr Dudziński
Wroclaw University of Technology
Dept. of Mechanical Eng., I–16
Wybrzeże Wyspiańskiego 27
50-370 Wroclaw, Poland
piotr.dudzinski@pwr.wroc.pl

ISBN 3-540-22788-1

Bibliografische Information der Deutschen Bibliothek
Die Deutsche Bibliothek verzeichnet diese Publikation in der Deutschen Nationalbibliografie;
detaillierte bibliografische Daten sind im Internet über http://dnb.ddb.de abrufbar.

Dieses Werk ist urheberrechtlich geschützt. Die dadurch begründeten Rechte, insbesondere die der Übersetzung, des Nachdrucks, des Vortrags, der Entnahme von Abbildungen und Tabellen, der Funksendung, der Mikroverfilmung oder Vervielfältigung auf anderen Wegen und der Speicherung in Datenverarbeitungsanlagen, bleiben, auch bei nur auszugsweiser Verwertung, vorbehalten. Eine Vervielfältigung dieses Werkes oder von Teilen dieses Werkes ist auch im Einzelfall nur in den Grenzen der gesetzlichen Bestimmungen des Urheberrechtsgesetzes der Bundesrepublik Deutschland vom 9. September 1965 in der jeweils geltenden Fassung zulässig. Sie ist grundsätzlich vergütungspflichtig. Zuwiderhandlungen unterliegen den Strafbestimmungen des Urheberrechtsgesetzes.

Springer ist ein Unternehmen von Springer Science+Business Media
springer.de

© Springer-Verlag Berlin Heidelberg 2005
Printed in Germany

Die Wiedergabe von Gebrauchsnamen, Handelsnamen, Warenbezeichnungen usw. in diesem Buch berechtigt auch ohne besondere Kennzeichnung nicht zu der Annahme, dass solche Namen im Sinne der Warenzeichen- und Markenschutz-Gesetzgebung als frei zu betrachten wären und daher von jedermann benutzt werden dürften. Sollte in diesem Werk direkt oder indirekt auf Gesetze, Vorschriften oder Richtlinien (z. B. DIN, VDI, VDE) Bezug genommen oder aus ihnen zitiert worden sein, so kann der Verlag keine Gewähr für die Richtigkeit, Vollständigkeit oder Aktualität übernehmen. Es empfiehlt sich, gegebenenfalls für die eigenen Arbeiten die vollständigen Vorschriften oder Richtlinien in der jeweils gültigen Fassung hinzuzuziehen.

Umschlaggestaltung: Struve&Partner, Heidelberg
Satz: Gelieferte Daten des Autors

Gedruckt auf säurefreiem Papier   68/3020/M   - 5 4 3 2 1 0

Dieses Buch ist
dem Andenken
meiner Eltern
gewidmet

„Diejenigen, welche an der Praxis ohne Wissenschaft Gefallen finden, sind wie Schiffer ohne Steuer und Kompaß fahren; sie sind nie sicher wohin die Fahrt geht. Die Praxis muß immer auf einer guten Theorie beruhen."

Leonardo da Vinci

Leonardo da Vinci: Alter Man und Wirbel
wahrscheinlich ein Selbstportrait
(Quelle: Lugt, H.J. 1979)

Vorwort

Dieses Buch soll eine Lücke in der Fahrzeugtechnischen Literatur schließen. Es enthält neue originale Berechnungsgrundlagen und eine praxisorientierte systemische Sicht für die Gestaltung und Bemessung der Lenksysteme an Radfahrzeugen, mit speziellen Anforderungen an das Fahrzeug, die ein klassischer PKW nicht benötigt.

Das Werk wird dem Entwickler in der Industrie und Zulieferindustrie, Ingenieuren und Technikern im Prüfstands- und Fahrversuch, Dozenten, Studenten und allen an Theorie und Praxis in der Fahrzeugtechnik Interessierten empfohlen.

Das Buch verweist auf viele Literaturquellen, in denen der Leser weiterführende Aussagen findet, da nicht auf alle thematischen Details eingegangen werden konnte.

Es ist dem Autor eine angenehme Pflicht, allen zu danken, die bei der Buchherstellung mitgewirkt haben. Herrn Prof. Dr.-Ing. Kazimierz Pieczonka, der vor vielen Jahren mein Interesse an geländegängigen Fahrzeugen geweckt hat, möchte ich für seine wertvollen fachlichen Hinweise danken. Meinen Mitarbeitern, den Herren Dipl.-Ing. Jerzy Włodarczyk, Stefan Hałycz, Ryszard Żabiński gilt mein Dank für die Hilfe bei den experimentellen Untersuchungen. Für die Bearbeitung des Textes und der Zeichnungen danke ich den Herren Dr.-Ing. Robert Czabanowski und Dipl.-Ing. Antoni Baginski. Zu großem Dank bin ich meinem Freund Dr.-Ing. Bernd Zänker verpflichtet, der unermüdlich an der Entstehung des Buches durch Durchsicht und sprachliche Korrektur half.

Schließlich möchte ich Herrn Dr.-Ing. Peter H.C. Schulze sehr herzlich danken für die freundlichen Bemühungen und großzügige Unterstützung dem Buch zur Veröffentlichung in Deutschland zu verhelfen.

Möge diese erste Auflage des Buches Freunde gewinnen, denen ich für ergänzende oder auch kritische Hinweise dankbar sein werde.

Piotr Dudziński

Inhaltsverzeichnis

Formelzeichen XI

1 Einleitung.. 1

2 Bauarten und Eigenschaften von Lenksystemen der Radfahrzeuge. 5
   2.1 Drehschemellenkung 8
   2.2 Achsschenkellenkung 9
   2.3 Knicklenkung... 12
   2.4 Kombinierte Lenkung 19
   2.5 Radseitenlenkung... 20
   2.6 Vergleich von Lenksystemen 22

3 Lenkparameter für Radfahrzeuge mit Achsschenkellenkung......... 29
   3.1 Lenkkinematik von Fahrzeugen mit Vorderradlenkung............. 29
   3.2 Lenkwiderstände und Lenkgeschwindigkeit 37

**4 Lenkparameter für Radfahrzeuge mit Knick- und
Drehschemellenkung** 43
   4.1 Kinematik des Lenkvorgangs im Stand...................................... 43
   4.2 Lenkwiderstände.. 61
   4.3 Lenkgeschwindigkeit... 82
   4.4 Optimale Struktur und Geometrie des Lenkgetriebes................ 88
       4.4.1 Wahl der optimalen Struktur des Lenkgetriebes 91
       4.4.2 Wahl der optimalen Geometrie des Lenkgetriebes.......... 96

5 Lenkverhalten von Radfahrzeugen mit beliebigen Lenksystemen 105
   5.1 Probleme der Allradantriebe von Radfahrzeugen..................... 105
   5.2 Simulationsanalyse des Lenk- und Fahrverhaltens................... 122
       5.2.1 Diskretes Modell eines Radfahrzeugs mit beliebigem
Lenksystem.. 124
       5.2.2 Mathematisches Modell einer hydrostatischen Lenkanlage. 133
       5.2.3 Mathematisches Modell des Reifens 140

    5.2.4 Mathematisches Gesamt-Modell von Radfahrzeugen mit beliebigen Lenksystemen und beliebigen Arten des Fahrantriebes 151
    5.5 Ergebnisse der Simulationsanalyse 153

6 Dynamische Kippstabilität der Nutzfahrzeuge 163
    6.1 Problem der Kippstabilität.. 163
    6.2 Virtuelle Untersuchungen der dynamischen Kippstabilität 166
    6.3 Aktives System zur Verbesserung der dynamischen Kippstabilität 176
    6.4 Experimentelle Untersuchungen mit dem aktiven System 179

Literaturverzeichnis 189

Verzeichnis wichtiger Sachwörter... 199

Formelzeichen

Lateinische Buchstaben

Formelzeichen	Einheit	Bedeutung
A	m^2	Aufstandsfläche des Reifens
A_a, A_i	m^2	Arbeits-Kolbenfläche im äußeren und inneren Lenkzylinder
A_E	m^2	wirksame Fläche eines äquivalenten Lenkzylinders
A_{pi}	m^2	Querschnitte der Leitungen
A_u	-	Koeffizient des Modells Reifen-Boden
a,b,c,d	m	Parameter, die die Anbringung der Lenkzylinder im Lenkgetriebe beschreiben
$a_{N,G}$	m/s^2	Grenzwert der für das Knickgelenkfahrzeug zulässigen Zentrifugalbeschleunigung
a_γ	-	statisches Verhältnis der Lenkwinkel γ_{32} und γ_{21}
B	m	Spurbreite des Fahrzeugs
B_o	m	Reifenbreite
c_1	-	genormter (dimensionsloser) Verstärkungskoeffizient des Verteilers
c_{13}	Nms/rad	Dämpfungskoeffizient der Kopplung der Glieder 1 und 3
c_l	-	genormter (dimensionsloser) Durchfluss-Druck-Koeffizient
$c_{i,j}$	Nms/rad	Dämpfungskoeffizient im Knickgelenk
c_k	1/N	Knick-Koeffizient
$\hat{c}_{F\alpha}$	1/rad	kinematischer Einheitskoeffizient der Reifenquersteifigkeit

$\hat{c}_{M\alpha}$	m/rad	kinematischer Einheitskoeffizient der Reifentorsionssteifigkeit
$c_{M,\delta z}$	Nm/m	sog. gekoppelte Umfangssteifigkeitscharakteristik des Paares Reifen-Untergrund
c_S	-	kinematischer Einheitskoeffizient der Reifenlängssteifigkeit
C_u	-	Koeffizient des Modells Reifen-Boden
D, d_S	m	Durchmesser des Zylinders und des Kolbens im Lenkungszylinder
DM	Nm	maximal mögliches Dispositionsmoment
D_a	m	Außendurchmesser des Reifens
d_b	m	Protektorstärke
d_{pi}	m	Innendurchmesser der Leitungen
e	-	Koeffizient des globalen Elastizitätsmoduls der hydraulischen Anlage
E	Pa	Elastizitätsmodul für Stahl
E_g	Pa	globaler Elastizitätsmodul der hydraulischen Anlage
E_{ol}	Pa	Volumenelastizitätsmodul der Hydraulikflüssigkeit
E_p	Pa	Längs- Elastizitätsmodul der Leitungen
f_t	-	Rollwiderstandsbeiwert
F_x	N	Längsreaktionskraft des Bodens auf das Rad
F_y	N	Querreaktionskraft des Bodens auf das Rad
F_z	N	vertikale Reaktionskraft des Bodens auf das Rad
$F_{x,va'}^{(o)}, F_{x,vi}^{(o)},$ $F_{x,ha'}^{(o)}, F_{x,hi}^{(o)}$	N	Komponenten der Versetzungswiderstände der entsprechenden Räder, die aus der Phase der Drehbewegungen der Fahrzeugglieder mit einer (vorderen) mit Antriebssystem gekoppelten Achsen während des Lenkvorgangs im Stand resultieren
$F_{x,ha'}^{(s)}, F_{x,hi}^{(s)}$	N	Komponenten der Versetzungswiderstände der entsprechenden Räder, die aus der Phase der Translationsbewegungen der Fahrzeugsglieder mit einer (vorderen) mit Antriebssys-

$\hat{F}_{x,va'}^{(s)}, \hat{F}_{x,vi}^{(s)},$ $\hat{F}_{x,ha'}^{(o)}, \hat{F}_{x,hi}^{(o)}$	N	tem gekoppelten Achse während des Lenkvorgangs im Stand resultieren
		Komponenten der Versetzungswiderstände mit Schlupf der entsprechenden Räder, die aus der Phase der Translationsbewegungen der Fahrzeugglieder mit gekoppelten Achsen während des Lenkvorgangs im Stand resultieren
$\hat{F}_{x,va'}^{(o)}, \hat{F}_{x,vi}^{(o)},$ $\hat{F}_{x,ha'}^{(o)}, \hat{F}_{x,hi}^{(o)}$	N	Komponenten der Versetzungswiderstände ohne Schlupf der entsprechenden Räder, die aus der Phase der Drehbewegungen der Fahrzeugglieder mit gekoppelten Achsen während des Lenkvorgangs im Stand resultieren
g	m/s²	Erdbeschleunigung
G	Pa	Gleitmodul des Protektorgummis
G_A	N	Achslast
G_M	N	Gewicht des Fahrzeugs
G_v, G_h	N	Eigengewichte des vorderen und hinteren Gliedes einer Knick-Gelenkmaschine
H	m	volle Hublänge des Kolbens
H_o	m	Querschnittshöhe des Reifens
$\hat{H}$	N	Kraft am Haken
h_a, h_i	m	Abstände der Kraftwirkungslinien des äußeren und inneren Lenkzylinders von der Knickgelenkachse
$\Delta H_a, \Delta H_i$	m	Verlängerung des äußeren und Verkürzung des inneren Lenkzylinders
h_E	m	Kraftarm des äquivalenten Lenkzylinders
I_i	kg m²	Massenträgheitsmoment des Gliedes „i", bezogen auf den Schwerpunkt des Gliedes
I_w	kg m²	Massenträgheitsmoment des Rades, bezogen auf die Drehachse des Rades
I_o	m⁴	polares Trägheitsmoment der Aufstandsfläche
$i_A = i_G$	-	Gesamtübersetzungsverhältnis des Achsgetriebes

i_u	-	gewünschte Anzahl von Lenkumdrehungen
K	-	Knickgelenk
k	-	Anzahl der Glieder in der Gruppe
k_A	-	sog. Umgehungsrichtwert des Hindernisses durch das Fahrzeug
k_G	m^5/N	Koeffizient, der die Verformbarkeit der Gummileitungen berücksichtigt
k_{ij}	Nm/rad	Steifigkeit zwischen den Gliedern i und j
k_L	-	genormter Leckkoeffizient im Lenkzylinder
K_L	m^5/Ns	Leckkoeffizient für den Lenkzylinder
k_n	-	Korrekturkoeffizient, der die Zahl der Längsrillen im Protektor in der berechneten Berührungsfläche des Reifens mit steifen Untergrund berücksichtigt
k_o	-	Korrekturkoeffizient der berechneten Berührungsfläche des Reifens mit steifen Untergrund
k_p	Nm^{-3}	„Druck-Koeffizient des Verteilers
k_Q	$m^2 s^{-1}$	„Leistungs-Koeffizient des Verteilers, sog. Verstärkungsfaktor
k_s		Koeffizient, der die Verformbarkeit der Zylinderwandungen berücksichtigt
K_S	-	Lenkfähigkeitskoeffizient der Maschine
k_t	-	Korrekturkoeffizient des Rad-Rollwiderstandes, der seinen Schräglauf berücksichtigt
k_W	-	Korrekturkoeffizient des Lenkwiderstandes
k_x	N/m	lineare Steifigkeit des Lenkzylinders
$k_{x,E}$	N/m	lineare Steifigkeit des äquivalenten Lenkzylinders
k_γ	Nm/rad	Ersatztorsionssteifigkeit im Knickgelenk
l	m	wirksame Zylinderlänge
l_1	m	Länge des Gliedes 1
l_2		Länge des Gliedes 2
L_H	m	Entfernung vom Hindernis

L_M	m	sog. Totlänge des Lenkzylinders
l_{pi}	m	Länge der Gummileitungen
l_r	m	Länge des zur Entspannung des Reifens notwendigen Weges
L_s	m	Entfernung vom Hindernis, die schon das Umfahren des Fahrzeugs garantiert
$L_v = L_i$ $L_h = L_j$	m	Abstände des Knickgelenks von der vorderen und hinteren Achse des Fahrzeugs
M_H	Nm	Hebemoment
m_i	kg	Masse des Gliedes i
M_J	Nm	Widerstandsmoment, das das Ergebnis von Massenkräften ist
M_K	Nm	Widerstandsmoment im Knickgelenk
M_L	Nm	Lenkmoment
$M_{L,A}$	Nm	Gesamt-Lenkwiderstandsmoment im Stand der Räder eines Fahrzeugs mit Achsschenkellenkung
$M_{n,w}$	Nm	inneres Spannungsmoment des Antriebssystems als Konsequenz seiner kinematischen Unstimmigkeit
m_0	kg	Gesamtmasse des Fahrzeugs
M_R	Nm	Lenkwiderstandsmoment, das aus den in der Berührungsfläche der Reifen mit dem Untergrund generierten Belastungen resultiert
M_v, M_h	-	auf den Untergrund bezogene Momentanpole der vorderen und hinteren Glieder eines Knickgelenkfahrzeugs mit einer mit dem Antriebssystem gekoppelten Achse
$M_{v,o}, M_{h,o}$	Nm	Antriebsmomente der Vorder-/Hinterachse, wenn $M_{nw} = 0$
$\hat{M}_v, \hat{M}_h$	-	auf den Untergrund bezogene Momentanpole der vorderen und hinteren Glieder eines Knickgelenkfahrzeugs mit zwei durch eine Antriebswelle gekoppelten Achsen, die mit konventionellen Differentialgetrieben ausgerüstet sind

Symbol	Einheit	Beschreibung
$\overset{*}{M}_v, \overset{*}{M}_h$	-	auf den Untergrund bezogene Momentanpole der vorderen und hinteren Glieder eines Knickgelenkfahrzeugs mit zwei durch eine Antriebswelle gekoppelten Achsen, die mit No-Spin-Getrieben ausgerüstet sind
M_W	Nm	Gesamtlenkwiderstandsmoment des Knickgelenkfahrzeugs mit einer mit dem Antriebssystem gekoppelten Achse
$\hat{M}_W$	Nm	Gesamtlenkwiderstandsmoment des Knickgelenkfahrzeugs mit zwei mit dem Antriebssystem gekoppelten Achsen
$M_{W,A}$	Nm	Lenkwiderstandsmoment im Stand der Räder eines Fahrzeugs mit Achsschenkellenkung
$M_{z,va'}, M_{z,vi}$ $M_{z,ha'}, M_{z,hi}$	Nm	Rückstellmomente entsprechender Reifen infolge geometrisch erzwungenen Kurvenlaufes des Knickgelenkfahrzeugs mit einer mit dem Antriebssystem gekoppelten Achse
$\hat{M}_{z,va'}, \hat{M}_{z,vi}$ $\hat{M}_{z,ha'}, \hat{M}_{z,hi}$	Nm	Rückstellmomente entsprechender Reifen infolge geometrisch erzwungenen Kurvenlaufes des Knickgelenkfahrzeugs mit zwei mit einer Antriebswelle gekoppelten Achse
$M_{z,F}$	Nm	resultierendes Rückstellmoment der Vorderräder
$M_{z,R}$	Nm	resultierendes Rückstellmoment der Hinterräder
M_{Zw}	Nm	äußeres Störmoment
$M_{z,x}$	Nm	Längsstabilisationsmoment des Reifens
$M_{z,y}$	Nm	Querstabilisationsmoment des Reifens
n_L	min^{-1}	empfohlene Lenkgeschwindigkeit
n_u	-	Koeffizient des Modells Reifen-Boden
P	-	Pendelgelenk
p_1	Pa	Druck im aktiven Teil der hydraulischen Anlage
p_2	Pa	Druck im passiven Teil der hydraulischen Anlage

p_1^*	-	Zahl der Gelenke I. Ordnung
p_2^*	-	Zahl der Gelenke II. Ordnung
p_i	-	Anzahl der Gelenke der i-ten Ordnung
p_o	Pa	Druckerhöhung durch Steifigkeit der Reifenkarkasse
p_t	Pa	Betriebsdruck
$p_{t,max}$	Pa	gewünschter maximaler Lenkdruck
p_w	Pa	Reifeninnendruck
p_z	Pa	Abflussdruck
Q	$m^3 s^{-1}$	Ölvolumendurchsatz im Verteiler
Q_1	$m^3 s^{-1}$	Öldurchflussmenge durch Spalten im Verteiler für die Druckseite
Q_2	$m^3 s^{-1}$	Öldurchflussmenge durch Spalten im Verteiler für die Abflussseite
Q_L	$m^3 s^{-1}$	Lenköldurchsatz der Lenkzylinder
$Q_{L,N}$	$m^3 s^{-1}$	Nominalaufnahmefähigkeit der Lenkzylinder
Q_N	kN	Nutzlast des Nutzfahrzeugs
Q_p	$m^3 s^{-1}$	Durchflussmenge, die Leckverluste im Servomotor ausgleicht
$Q_{p,A}$	$m^3 s^{-1}$	Pumpenleistung
Q_s	$m^3 s^{-1}$	Durchflussmenge, die die Aufnahmefähigkeit eines äquivalenten Servomotors deckt
Q_{sc}	$m^3 s^{-1}$	Durchflussmenge, die die Kompressibilität des Arbeitsmediums, die Verformung der Servomotorwandungen und der den Verteiler mit dem Servomotor verbindenden Leitungen ausgleicht
$\dot{r}_i = \omega_i$	s^{-1}	Winkelgeschwindigkeit bezogen auf den Schwerpunkt des Gliedes „i"
$\ddot{r}_i = \varepsilon_i$	s^{-2}	Winkelbeschleunigung bezogen auf den Schwerpunkt des Gliedes „i"
$r_k = R$	m	kinematischer Radius des Rades
R_L	m	Lenkrollhalbmesser

$r_{k,v}^{(E)}, r_{k,h}^{(E)}$	m	äquivalente kinematische Radien der Vorder- und Hinterachsräder
R_v, R_h	kN	Rollwiderstände der Vorder- und Hinterachse
$R_{va'}, R_{vi}$ $R_{ha'}, R_{hi}$	kN	Normalreaktionen entsprechender Reifen
s	m	Wandungsdicke des Lenkzylinders
$S = S_x$	-	Längsschlupf des Rades
S_a, S_i	m	volle Länge des äußeren und inneren Lenkzylinders für den Knickwinkel $\gamma \neq 0$
$S_{a,o}, S_{i,o}$	m	volle Länge des äußeren und inneren Lenkzylinders für den Knickwinkel $\gamma = 0$
$S_{L,a}, S_{L,i}$	kN	Lenkkräfte, die im Äußeren und inneren Lenkzylinder erzeugt werden
s_{pi}	m	Wandungsdicke der Leitungen
SB	m	Schaufelbreite
T	s	Zeitkonstante
t_L	s	Lenkzeit des Fahrzeugs von Anschlag zu Anschlag
U	ms^{-1}	momentane Fahrgeschwindigkeit des Fahrzeugs
u	ms^{-1}	Geschwindigkeit des Rades
U_i	ms^{-1}	Längsgeschwindigkeit der Masse „i"
V_a, V_i	m^3	Gesamtvolumina des Öls hinter dem Verteiler im äußeren und inneren Lenkzylinder
v_i	ms^{-1}	Quergeschwindigkeit der Masse „i"
V_i	ms^{-1}	resultierende Geschwindigkeit des Rades „i"
V_L	m^3	Lenkzylindervolumen bei voller Aussteuerung von $-\gamma_{max}$ zu $+\gamma_{max}$
V_o	m^3	Ölvolumen, in der Lenkanlage hinter dem Verteiler
V_v	m^3	Verdrängung der Lenkeinheit
$V_{v,o}, V_{h,o}$	ms^{-1}	theoretische Geschwindigkeit der Mittelpunkte der Vorder-/Hinterachse

W	N	aerodynamische Widerstandskraft
W_D	Nm	Dispositionsarbeit des Lenkgetriebes
W_g	-	Beweglichkeit der Gruppe der Zwischenglieder
W_N	Nm	nutzbare Arbeit des Lenkgetriebes
W_t	-	theoretische Beweglichkeit
W_w	-	Ausgangsbeweglichkeit
X	m	Spaltgröße im Verteiler
x	-	genormter Spaltwert
x_{1F}, x_{2R}	m	Koordinaten der Vor- und Hinterachse
x_{12}	m	Koordinate des Gelenkes 12
x_{21}	m	Koordinate des Gelenkes 21
$X_i = F_{xi}$	N	resultierende Längsreaktion des Bodens auf das Rad
x_v, x_h, x_N	m	Schwerpunktkoordinaten des Fahrzeugsglieder und der Nutzlast
Y_F, Y_R	N	Summe der Querkräfte der Vorder- und Hinterräder
Z_{max}	kN	maximale Zugkraft des Gerätes

Griechische Buchstaben

$\alpha_v, \alpha_i, \alpha_F$	rad	mittlere Schräglaufwinkel der Räder der Vorder- und Hinterachse
β	rad	Spreizwinkel
$\gamma = \gamma_{ij}$	rad	Knickwinkel
γ_{soll}	rad	vorgegebener Lenkwinkel
$\gamma_{v,k}$	rad	auf den Untergrund bezogener Wendewinkel des vorderen, mit dem Fahrantriebssystem gekoppelten Gliedes des Fahrzeugs
$\gamma_{h,o}$	rad	auf den Untergrund bezogener Wendewinkel des hinteren, vom Fahr-Antriebssystem abgekoppelten Gliedes des Fahrzeugs
$\hat{\gamma}_v, \hat{\gamma}_h$	rad	auf den Untergrund bezogener Wendelwinkel der entsprechenden Glieder des Fahrzeugs mit zwei, mit dem Fahr-Antriebssystem gekoppelten Achsen

XX   Formelzeichen

δ	rad	Radlenkwinkel
δ_z	m	radiale Verformung des Reifens
ϵ	-	Index der kinematischer Unstimmigkeit des Fahrantriebssystem
ϵ_L	-	Luftvolumenanteil im Öl
$\epsilon_{v,k}$	s^{-2}	Winkelbeschleunigung des vorderen mit dem Antriebssystem gekoppelten Gliedes eines Knickgelenkfahrzeugs
$\epsilon_{h,o}$	s^{-2}	Winkelbeschleunigung des hinteren nicht mit dem Antriebssystem gekoppelten Gliedes eines Knickgelenkfahrzeugs
ϵ_v, ϵ_h	s^{-2}	Winkelbeschleunigung des vorderen und hinteren Gliedes eines Knickgelenkfahrzeugs mit zwei gekoppelten Achsen
ζ	rad	Kraftanlagewinkel am Haken
η_L	-	Gesamtwirkungsrad der Lenkzylinder
η_K	-	Wirkungsgrad des Knickgelenkes
η_m	-	Gesamtwirkungsgrad beider Achsen des Fahrzeugs und ihrer Antriebswellen
Θ	-	sog. Wende-Voreilfaktor
λ	-	Aufteilungsfaktor des Differentials
μ'	-	Lenkungs-Reibungszahl im Stillstand
μ_a, μ_i	rad	Kraftübertragungswinkel im äußeren und inneren Lenkzylinder
μ_x	-	Längskraftschlussbeiwert des Rades
μ_y	-	Querkraftschlussbeiwert des Rades
υ	rad	Sturzwinkel
$\rho_v = \rho_{\bar{\imath}}$ $\rho_h = \rho_{\bar{\jmath}}$	m	Wenderadien der Vorder- und Hinterachsmittelpunkte des Fahrzeugs
ρ_{va}, ρ_{vi} ρ_{ha}, ρ_{hi}	m	Wenderadien der entsprechenden Räder eines Knickgelenkfahrzeugs mit einer mit dem Antriebssystem gekoppelten Achse
$\hat{\rho}_{va}, \hat{\rho}_{vi}$ $\hat{\rho}_{ha}, \hat{\rho}_{hi}$	m	Wenderadien der entsprechenden Räder eines Knickgelenkfahrzeugs mit zwei durch eine Antriebswelle miteinander gekoppelten Achsen, die mit konventionellen Differentialen

Symbol	Einheit	Bedeutung
ρ_{va}^*, ρ_{vi}^* ρ_{ha}^*, ρ_{hi}^*	m	Wenderadien der entsprechenden Räder eines Knickgelenkfahrzeugs mit zwei durch eine Antriebswelle miteinander gekoppelten Achsen, die mit No-Spin-Mechanismen ausgerüstet sind
σ_x	-	Längs-Entspannungskoeffizient des Reifens
σ_y	-	Quer-Entspannungskoeffizient des Reifens
σ_T	-	Torsions-Entspannungskoeffizient des Reifens
$\hat{\phi}_{va}, \hat{\phi}_{vi}$ $\hat{\phi}_{ha}, \hat{\phi}_{hi}$	rad	Drehwinkel der entsprechenden Halbachse eines Knickgelenkfahrzeugs mit zwei gekoppelten Achsen, die mit konventionellen Differentialen ausgerüstet sind
ϕ_{va}^*, ϕ_{vi}^* ϕ_{ha}^*, ϕ_{hi}^*	rad	Drehwinkel der entsprechenden Halbachsen eines Knickgelenkfahrzeugs mit zwei gekoppelten Achsen, die mit No-Spin-Mechanismen ausgerüstet sind
ψ	rad	Kurswinkel der Maschine
ω_F	s^{-1}	Winkel-Führungsgeschwindigkeit der Maschine
ω_L	s^{-1}	relative Winkelgeschwindigkeit der Glieder eines Knickgelenkfahrzeugs (Lenkgeschwindigkeit)
Ω_v	s^{-1}	Winkelgeschwindigkeit der Kursänderung des Fahrzeugs
$\hat{\omega}_v, \hat{\omega}_h$	s^{-1}	absolute Winkelgeschwindigkeit des vorderen und hinteren Gliedes eines Knickgelenkfahrzeugs mit zwei, mit dem Antriebssystem gekoppelten Achsen
$\omega_{v,k}$	s^{-1}	absolute Winkelgeschwindigkeit des vorderen mit dem Antriebssystem gekoppelten Gliedes eines Knickgelenkfahrzeugs mit abgekoppelter Hinterachse
$\omega_{h,o}$	s^{-1}	absolute Winkelgeschwindigkeit des hinteren, nicht mit dem Antriebssystem gekoppelten Gliedes eines Knickgelenkfahrzeugs

| $\omega_{k,v}, \omega_{k,h}$ | s^{-1} | Antriebskegelradgeschwindigkeit der Vorder- und Hinterachse |

Indizes

v, $\bar{\imath}$	vorn
h, $\bar{\jmath}$	hinten
i	innen
a	außen
max	maximal
m	mittlere
I	Lenkrichtung im Uhrzeigersinn
II	Lenkrichtung entgegen dem Uhrzeigersinn
N	nominal
x	in x-Richtung, Umfangsrichtung
y	in y-Richtung, Seitenrichtung
z	in z-Richtung

Abkürzungen

•	1. Abl. nach der Zeit (d/dt)
• •	2. Abl. nach der Zeit (d^2/dt^2)
Δ	Differenz
-	Normung
-	Mittelwert

1 Einleitung

Die Problematik der Landfahrzeuge hat heute schon ihre Geschichte. Als vor mehr als dreitausend Jahren das Rad erfunden wurde ahnte wohl niemand, dass diese Tatsache den Impuls zur Schaffung verschiedenartiger Fahrzeuge geben wird.

In der diesbezüglichen Literatur gibt es eine ganze Reihe von vereinbarten Klassifikationen der Fahrzeuge, wie z.B.: Personenkraftwagen und Lastkraftwagen, Gelände-, Umschlag-, Kommunal-, Flughafen-, Transport-, Bau-, Bergbau-, Landwirtschafts-, Forst-, Militär-, Sonderfahrzeuge usw. In den letzten Jahren wird zwecks Systematisierung der Terminologie insbesondere im englischen Schrifttum wie z.B. in: „Industrial Vehicle Technology" für alle Nutzfahrzeuge, die nicht den PKW zuzuordnen sind, auch die Bezeichnung „off-highway", „off-road" oder industrielle Radfahrzeuge angewandt. Zur Gruppe dieser Nutzfahrzeuge werden u.a. mobile Arbeitsmaschinen (z.B. Radlader) oder Transportfahrzeuge der Fördertechnik, also in Summe alle Fahrzeuge von Gabelstaplern, die zum mobilen, innerbetrieblichen Nahtransport in beliebigen Industriebetrieben dienen bis zu Fahrzeugen, die in bestimmten Industriezweigen wie z.B. Bergbau, Bauwesen, Landwirtschaft, Forstwirtschaft usw. verwendet werden, gerechnet.

Das stetige Anwachsen des Bedarfs an verschiedenartigen Nutzfahrzeugen, die unter unterschiedlichen Bedingungen arbeiten, regt die Suche nach Lösungen mit immer besseren konstruktiven und Betriebsparametern an, die eine hohe Leistung sowie sichere und zuverlässige Arbeit bei Erfüllung der ökonomischen und ökologischen Kriterien garantieren. Trendanalysen zeigen, dass die weitere Entwicklung dieser Klasse von Fahrzeugen in der gekonnten Ausnutzung der neuesten Errungenschaften der Technik, und besonders in der Applikation von automatischen sinnvollen Steuer- und Regelsystemen, die in der Literatur oft mit dem Kürzel „steer by wire", „drive by wire" oder allgemeiner als intelligente und eventuell auch als mechatronische Systeme bezeichnet werden z.B. [11÷12, 24, 26, 45, 57÷58, 63, 69, 74, 76, 80÷82, 93, 98, 103÷104, 109, 116÷117, 125, 137, 143, 145÷148, 151, 153, 158÷159, 162, 166] zu suchen ist. An dieser Stelle sollte auch betont werden, dass dieser Begriff nicht mit der s.g. künstlichen Intelligenz zu verwechseln ist, die ihren separaten Platz in der Informatik gefunden hat.

In Hinsicht auf noch bestehende große technische Reserven wurden die Untersuchungen auf die Optimierung der Arbeitsprozesse dieser Fahrzeuge ausgerichtet. Eine Abzweigung dieser Untersuchungen bilden autonome Fahrzeuge, die zur selbständigen Bewegung ohne Kontrolle des Menschen fähig sind z.B. [4, 91, 100÷101, 106, 120]. Diese Fahrzeuge dringen immer öfter in Technikbereiche vor, in denen bis vor kurzem der Mensch ein unentbehrliches Kontrollelement bildete. Fahrzeuge dieser Klasse werden die Aufgaben übernehmen, die vom Bediener extreme bzw. aus technischen oder sicherheitsbedingten Gründen, unerfüllbare Fähigkeiten erfordern.

Die Analyse des Wissensstandes im Bereich der Nutzfahrzeuge zeigt, dass trotz einer großen Anzahl von Veröffentlichungen diese in der Regel nur ausgewählte Teile der zu analysierenden Problematik und viele Vereinfachungen enthalten. Wesentliche Fragen werden nicht berücksichtigt z.B. [1, 3÷10, 14÷17, 36, 71÷72, 74÷75, 78÷81, 83÷86, 89, 95÷96, 100, 103÷107, 109÷121, 123÷124, 126, 129, 131÷132, 134÷135, 137÷145, 150÷152, 154÷156, 159÷165]. An dieser Stelle ist hinzuzufügen, dass die reichhaltigen Erarbeitungen aus dem automobilen Bereich in oben definierten Nutzfahrzeugen von den Konstrukteuren nur teilweise nutzbar sind z.B. [2, 13, 18, 70, 73, 86, 88, 90, 110, 133].

Die vorliegende Arbeit ist ein Schritt in Richtung der Ausfüllung der bestehenden Lücken in der fahrzeugtechnischen Literatur. Auf Grund von theoretischen Erwägungen und eines breiten Spektrums von virtuellen und experimentellen Untersuchungen wurde der Versuch der komplexen Betrachtung des Lenkverhaltens beim Einlenken, der Fahrstabilität auf ebenem Untergrund sowie der dynamischen Kippstabilität von Nutzfahrzeugen mit beliebigem Lenksystem und beliebiger Antriebsart unternommen. In der vorliegenden Arbeit wurde besonders viel Platz den in Knickgelenkfahrzeugen auftretenden Problemen gewidmet, die trotz allgemeiner Anwendung nur über eine bescheidene Bibliographie verfügen. Es ist zu betonen, dass das im vorliegenden Buch dargestellte, neue, originale Berechnungsmodell eines Radfahrzeugs alle wesentlichen konstruktiven und betrieblichen sowie dynamischen Parameter des Fahrzeugs und seiner Hauptbaugruppen berücksichtigt, insbesondere:

- beliebige Optionen der sog. geometrischen Lenksysteme (Vorderrad-, Hinterrad-, Allrad-, Knicklenkung usw.);
- die geometrischen und dynamischen Parameter des Fahrzeugs;
- die Parameter von großvolumigen, elastischen Reifen sowie die Eigenschaften ihrer Zusammenarbeit mit einem beliebigen Untergrund. Im Reifenmodell wurde das für diesen Typ von sog. „inertialen" Reifen

wesentliche Problem von Übergangsprozessen berücksichtigt, das z.B. in Autoreifen vernachlässigbar ist;
- die Parameter sowie dynamische Eigenschaften des hydraulischen Lenksystems einschließlich des Lenkgetriebes. Es ist auch zu erwähnen, dass das Lenksystem in Radfahrzeugen und insbesondere in Fahrzeugen mit Knicklenkung, eine besondere Rolle spielt, denn außer der Sicherung der erforderlichen Lenkbarkeit des Fahrzeugs, muss es auch die erforderliche Fahrstabilität garantieren, die die Erfüllung der Sicherheitsstandards auf öffentlichen Wegen garantiert;
- beliebige Optionen der Anzahl und Antriebsart der Räder sowie der angewandten Typen von Differentialmechanismen. Im Problem der Mehrachsantriebe wurde auch das wesentliche Problem der Blindleistung berücksichtigt.

Die praktischen Ergebnisse, gestützt auf theoretische Erwägungen, werden in Gestalt von konkreten mechanischen oder mechatronischen, patentierten Vorschlägen technischer Lösungen dargestellt. Zum Beispiel haben virtuelle und experimentelle Untersuchungen der dynamischen Kippstabilität die Entwicklung eines aktiven Systems ermöglicht, das eine wesentliche Erhöhung (um über 20%) der Kippstabilität eines Radfahrzeugs mit Knicklenkung gebracht hat. Die Erfindung erhielt auf der 51. Weltmesse für Erfindung, Forschung und Neue Technologien EUREKA in Brüssel die Goldmedaille.

Das vorliegende Buch, das eine komplexe Synthese darstellt, ist das Ergebnis über dreißigjähriger praxisorientierter Forschungen im Bereich von Nutzfahrzeugen, die vom Autor im Institut für Konstruktion und Betrieb von Maschinen der Technischen Universität Wrocław in Zusammenarbeit mit der Industrie im In- und Ausland, wie auch während vieljähriger, wissenschaftlicher Aufenthalte an der Universität Fridericiana Karlsruhe bei Prof. G. Kühn, an der TU in Berlin bei Prof. W. Poppy im Rahmen eines zweijährigen Aufenthalts als Stipendiat der Alexander von Humboldt Stiftung sowie an der TU in Dresden bei Prof. K. Hofmann im Rahmen des Habilitationsaufenthalts, vorgenommen wurden.

Die Arbeit enthält außer den schon teilweise vom Autor veröffentlichten [19÷23, 25÷35, 37÷68, 121÷122] sowie den in der Habilitationsarbeit [34] sehr ausgiebig besprochenen Problemen viele neue, noch nicht veröffentlichte Forschungsergebnisse.

2 Bauarten und Eigenschaften von Lenksystemen der Radfahrzeuge

Das Lenksystem ist integraler Bestandteil des technischen Gesamtkonzeptes eines Fahrzeugs und hat Auswirkungen u.a. auf:

- Die Wenderadien und damit auch auf die Einsatzbarkeit unter bestimmten Bedingungen.
- Die Lenkbarkeit (Lenkkräfte).
- Die Manövrierfähigkeit des Fahrzeugs, die ein wichtiges Kennzeichen seiner Leistungsfähigkeit ist, hängt nicht nur von seiner Wendigkeit ab, die aus dem Lenksystem resultiert, z.B. Achsschenkel- oder Knicklenkung, sondern auch von der Art und Lösung der Lenkanlage [34], (Abb. 2.1 u. Abb. 2.2).

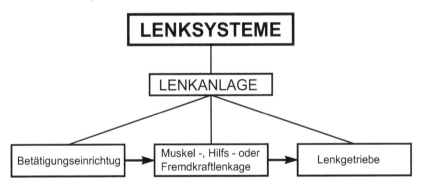

Abb. 2.1. Strukturschema der Lenksysteme bei Radfahrzeugen

Die Eigenschaften der Lenkanlage hängen wesentlich von der Art der Lenkkrafterzeugung (Antrieb) ab. Grundsätzlich unterscheidet man Muskelkraft-, Hilfskraft- und Fremdkraftantriebe. Zu einer Lenkanlage gehört neben dem Antrieb eine Betätigungseinrichtung (z.B. Lenkrad) und das Lenkgetriebe.

Reine Muskelkraft-Lenkanlagen sind nicht mehr anzutreffen, auch wenn mechanische Lenkgetriebe die aufzubringenden manuellen Kräfte reduzieren. Bei Hilfskraftanlagen (Servolenkung) wird die Muskelkraft des Fahrers mittels Zusatzeinrichtungen (meist hydromechanisch) unterstützt. Zwischen Lenkrad und Lenkgetriebe besteht immer eine mechanische Verbindung (Lenkgestänge). Hilfskraftanlagen werden in Kraftfahrzeugen eingesetzt [97, 146]. Die Radfahrzeuge für schweren Einsatz werden von Fremdkraft-Lenkanlagen mit hydrostatischen Antrieben bestimmt. Dabei werden die mechanischen Übertragungsglieder zum Rad von einem hydrostatischen "Gestänge" (Hydraulik-Leitungen) ersetzt. Pneumatische oder elektrische Wirkprinzipien haben bis jetzt noch keine Bedeutung erlangt.

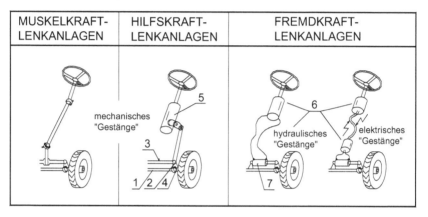

Abb. 2.2. Arten von Lenkanlagen: 1-Achse, 2-Spurstangenhebel, 3-Spurstange, 4-Achsschenkel, 5-Hilfskraftlenkanlage, 6-Fremdkraftlenkanlage, 7-doppeltwirkender Lenkzylinder

- Die Standsicherheit und daraus resultierend die unterschiedlichen zulässigen Nutzlasten in verschiedenen Stellungen der Arbeitswerkzeuge.
- Das Fahrverhalten; es muss bemerkt werden, dass Nutzfahrzeuge sehr oft und mit immer größeren Geschwindigkeiten auch beträchtliche Entfernungen auf öffentlichen Straßen zurücklegen, wo ein hohes Sicherheitsniveau gewährleistet sein muss.
- Die Geländegängigkeit, die u.a. durch Anwendung großdimensionierter Reifen mit günstigen traktionsdynamischen Eigenschaften unterstützt wird.
  An dieser Stelle muss man betonen, dass es in der letzten Zeit Tendenz ist, Gummiraupen in vielen Fahrzeugarten anzuwenden [39]. Diese Laufwerksart vereinigt die wesentliche Vorteile von großdimensionierten Reifen und von konventionellen Stahlraupen.
- Folglich sind die Eigenschaften der Lenksysteme ein entscheidendes Gütekriterium für Radfahrzeuge.

Typische Lenksysteme bei Radfahrzeugen wurden schematisch in Abb. 2.3 dargestellt.

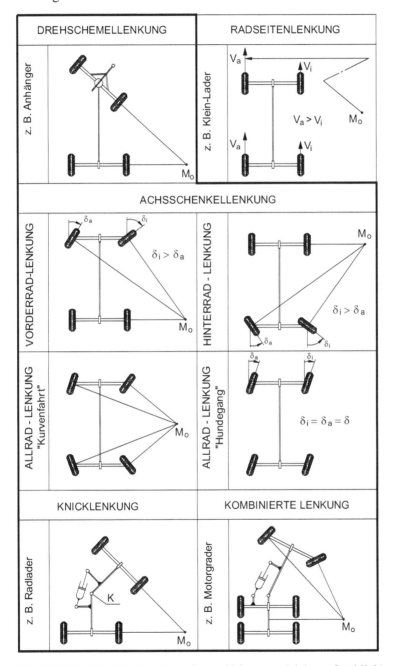

Abb. 2.3. Typische Lenksysteme für Radfahrzeuge (nicht maßstäblich)

8 2 Bauarten und Eigenschaften von Lenksystemen der Radfahrzeuge

2.1 Drehschemellenkung

Als älteste Fahrzeuglenkung ist die Drehschemellenkung bekannt, siehe Abb. 2.3. Bei dieser Lenkung, für die ein Drehkranz oder ein Drehzapfen gewählt werden kann, wird die gesamte Vorderachse mit ihren Rädern um einen Drehpunkt gedreht. Die Vorderräder stehen dabei immer parallel und beschreiben einen Bogen um den gemeinsamen Drehpunkt M_o (Momentanpol).

Die Drehschemellenkung findet man heute im Fahrzeugbau nur noch im Anhängerbau. Dort verwendet man sie, da sie dem Anhänger eine gute Wendigkeit ermöglicht.

Bei allen anderen Fahrzeugen kommt die Drehschemellenkung trotz optimaler Erfüllung kinematischer Forderungen nicht mehr in Frage. Die Gründe dafür sind:

1. Erhöhte Kippgefahr bei Kurvenfahrt
2. Großer Raumbedarf für das Einschlagen der Vorräder
3. Es lässt sich keine Formschönheit des Fahrzeugs erreichen, da die Motorhaube hochgelegt werden muss
4. Es ergeben sich stets Abkröpfungen im Rahmen

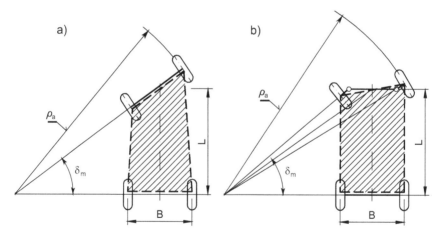

Abb. 2.4. Unterschiede in den Stützflächen zwischen Drehschemellenkung (a) und Achsschenkellenkung (b); L-Radstand, ρ_a-Spurkreisradius, δ_m-mittlerer Lenkwinkel

Wie aus der Abb. 2.4 hervorgeht, wird bei der Drehschemellenkung mit wachsendem Radeinschlag die Stützfläche, die die Standsicherheit des Fahrzeugs wesentlich bestimmt, kleiner.

Aus der Abb. 2.4 ist ersichtlich, dass die Achsenschenkellenkung in bezug auf Kippgefahr beim Einschlagen der Vorderräder wesentliche Vorteile gegenüber der Drehschemellenkung hat.

2.2 Achsschenkellenkung

Die Achsschenkellenkung ist allgemein als Ackermann-Lenkung bekannt. Sie wird bei fast allen Straßenfahrzeugen angewandt. Rudolf Ackerman meldete 1818 im Auftrag des bayerischen Kutschenfabrikanten Georg Lenkensperger das britische Patent Nr. 4212 für eine Achsschenkellenkung an. Seit dieser Zeit wurde die überwiegende Zahl aller zweispurigen Radfahrzeuge mit diesem Lenksystem an der Vorderachse ausgerüstet. An der Lenkachse des Fahrzeuges werden die beiden Räder, deren Mittelteil der Achsschenkel bildet, beim Lenken um die Mittellinie des Achsschenkelbolzens gedreht.

Bei Nutzfahrzeugen mit Achsschenkellenkung unterscheidet man die Einachs-Lenkung als Vorderrad- oder Hinterrad-Lenkung, die Allrad-Lenkung "Kurvenfahrt" und die Allrad-Lenkung "Hundegang", siehe Abb. 2.3. Bei Einachs-Lenkung wird die Lenkachse des Fahrzeugs in der Regel dort angeordnet, wo die geringsten Belastungen wirken. Sehr oft ist dies die Hinterachse, die z.B. beim Radlader als Pendel-Lenkachse zum Einsatz kommt. Vorderrad-Lenkung wird vor allem bei Mehrzweckgeräten verwendet, deren Hinterachse wegen der höheren Belastung, z.B. bei Heckbaggern, als Starrachse ausgebildet ist.

Die für das Kurvenfahren notwendigen Lenkeinschläge des Außen- und des Innenrades werden hauptsächlich über die Spurhebel und die Spurstange erreicht, deren Abmessungen und Winkelstellungen konstruktiv aufgrund des Radstandes und der Spur festgelegt sind. Dieses Lenkgestänge verbindet die Lenkräder mechanisch. Der Radeinschlagwinkel des kurvenäußeren Rades δ_a sowie der Winkel des kurveninneren Rades δ_i (Abb. 2.3) ist zur Fahrzeuglängsachse unterschiedlich groß ausgebildet, um zu bewirken, dass die orthogonalen Geraden zu den jeweiligen Vektoren der Lineargeschwindigkeiten der einzelnen Räder sich in einem Punkt, dem sogenannten Momentanpol M_O des Fahrzeugs, schneiden. Trotz genauer Festlegung des Lenkgestänges gibt es über den gesamten Bereich des Lenkeinschlags noch bestimmte Lenkfehler [146]. Die niedrige Einbaulage des Lenkgestänges verringert die Bodenfreiheit und erhöht bei geländegängigen Fahrzeugen die Gefahr der Beschädigung durch Aufsetzen auf den Boden. Ein weiterer Nachteil dieser Lenkanlage besteht darin, dass die zahlreichen Einzelteile, insbesondere die Gelenke, beim erschwerten Einsatz im Gelände schnell verschleißen.

Es gibt Lenksysteme, bei denen die Lenkräder nicht mechanisch verbunden sind und die Lenkeinschläge durch getrennte Lenkzylinder erzeugt werden. Für solche Lenksysteme lässt sich in der Praxis eine genaue Lenkgeometrie des Fahrwerks schwer realisieren. Durch die Anwendung der Mikroelektronik ist es möglich, eine exakte Lenkgeometrie durch automatische Lenkkorrektur zu erreichen. Diese Maßnahmen erhöhen jedoch zwangsläufig die Kosten des Fahrzeugs.

Um bei geländegängigen Fahrzeugen die Traktion zu verbessern, wird häufig Allradantrieb verwendet. Dieser Allradantrieb, der die Zugkraft erheblich steigert, erfolgt üblicherweise durch mechanische Antriebsübertragung auf die Räder. Es existieren auch hydrostatische Übertragungssysteme. Bei den gelenkten Rädern eines allradgetriebenen Fahrzeugs mit mechanischer Antriebsübertragung auf die Räder wird das Antriebsmoment durch homokinetische Gelenke übertragen, für die es unterschiedliche konstruktive Lösungen gibt. Diese Gelenke garantieren, dass die Winkelgeschwindigkeiten der angeschlossenen Wellen übereinstimmen. Ein Nachteil dieser Bauweise ergibt sich daraus, dass in den homokinetischen Gelenken hohe spezifische Drücke erzeugt werden, die dafür verantwortlich sind, dass die hohen Belastungen, die für große geländegängige Fahrzeuge typisch sind, zu einer vergleichsweise geringen Lebensdauer führten. Erschwerend kommt der komplizierte technische Aufbau dieser Gelenke hinzu.

Insbesondere die höheren Herstellungs- und Wartungskosten haben dazu geführt, dass Achsschenkellenkungen in Nutzfahrzeugen nur bedingt Anwendung finden. Man benutzt sie z.B. für Schlepper, Mobilbagger, Baggerlader und Baufahrzeuge. Beim Schaufellader werden diese Lenkungen teilweise bei kleinen und mittleren Maschinengrößen eingesetzt. Zum Beispiel findet man die Achsschenkellenkung bei kleineren Ladern in Form der Allradlenkung. In Verbindung mit der Anwendung von Portal-Lenktriebachsen von vier gleichgroßen Rädern und einem tiefliegenden Schwerpunkt wird eine hohe Standsicherheit garantiert und es entsteht viel Lenkfreiraum für die vier angetriebenen Räder. Bei einigen kleinen Ladern ist es auch möglich die Räder um 180° zu drehen und damit auf der Stelle zu drehen bzw. diagonal oder sogar quer zu verfahren, wobei die Räder frei abrollen können ohne Aufwühlen des Untergrundes. Die Allradlenkung lässt sich in diesen Fällen meist umschalten auf Kreis- oder Querfahrt. Beispielsweise kann man damit rationell das Verfüllen von Gräben oder das Absanden im Rohrleitungsbau in Querfahrt über Haufwerk realisieren (Abb. 2.5) [89]. Die Allradlenkung ist auch dort zweckmäßig, wo durch Anbauwerkzeuge wie Seitenkippschaufel oder Kran eine Gewichtsverlagerung zur Seite erfolgt.

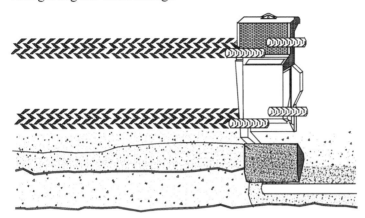

Abb. 2.5. Einsatzmöglichkeiten eines Radladers mit 180°-Lenkeinschlag (Werkbild: Kramer Allrad)

Für den Konstrukteur von großen Nutzfahrzeugen ist in der Regel die äußere Breite des Fahrzeuges und ein relativ großer Radstand vorgegeben. Man möchte andererseits auch große und breite Reifen verwenden, um die vorhandene hohe Leistung auf den Boden zu übertragen. Dadurch ergibt sich beim achsschenkelgelenkten Fahrzeug ein relativ kleiner Einschlagwinkel der Lenkräder, was einen großen Wendekreis bei mobilen Maschinen mit Einachslenkung zur Folge hat. In diesem Fall produzieren z.B. Hersteller von Großschleppern als Alternative besonders universell verwendbare Zweiwegfahrzeuge [129]. Die hydrostatische Lenkanlage kann durch einfaches Umschalten eines Mehrwegeventils in vier Varianten (Abb. 2.6) wirksam werden, als:

- Vorderradlenkung (Hinterräder für Straßenfahrt in Geradeausstellung fixiert), Abb. 2.6a;
- Hinterradlenkung (Vorderräder in Geradeausstellung fixiert), Abb. 2.6b;
- Allradlenkung (Vorder- und Hinterräder für maximale Wendigkeit gegensinnig eingeschlagen), Abb. 2.6c;
- Hundeganglenkung (Vorder- und Hinterräder gleichsinnig parallel eingeschlagen, wirkt als Hangkorrekturlenkung bei Höhenlinienfahrt der Abdrift entgegen), Abb. 2.6d.

12   2 Bauarten und Eigenschaften von Lenksystemen der Radfahrzeuge

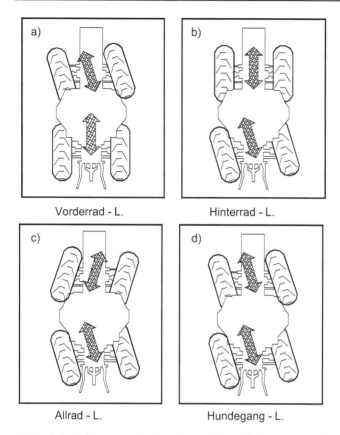

Abb. 2.6. Schlepper mit der Auswahlmöglichkeit von einer Variante der Achsschenkellenkung

2.3 Knicklenkung

Die heutige moderne Knicklenkung stellt im Prinzip die Drehschemellenkung der früheren Ackerwagen dar. Erste Patente sind aus dem Jahre 1836 bekannt (aktenkundig durch Diplock aus dem Jahr 1902). Die erste mit einer Knicklenkung ausgerüstete selbstfahrende Maschine mit Radwerk war ein Traktor der Firma Pavesi-Tollotti & Co. (Mailand) aus dem Jahr 1913 [27] (Abb. 2.7 u. Abb. 2.8).

Trotz der frühen Konstruktionen dieses Systems, nutzten die Fahrzeughersteller diese Entwicklung viele Jahre lang nicht. Den Durchbruch in der Praxis haben diese Geräte durch verschiedene Gründe erfahren. Das Aufkommen großer Erdbauvorhaben und die damit verbundene Forderung nach wendigen und leistungsfähigen Fahrzeugen einerseits, sowie die Entwicklung der hydrostatischen Lenkanlage andererseits, waren die Hauptursachen für die intensive Nutzung. Mechanische Lenkanlagen, die in älteren Fahrzeugen mit Knicklenkung installiert waren, besaßen eine zu große Lenkträgheit und waren nicht in der Lage, die hohen Anforderungen an die Fahrsicherheit und Leistungsfähigkeit moderner Geräte zu erfüllen. Knickgelenkte Nutzfahrzeuge traten Anfang der sechziger Jahre im gleislosen Erdbau in großer Zahl auf. Zur Zeit wird die Konzeption des Knickfahrzeugs allgemein bei Erdbau-, Bergbau-, Wald-, Landwirtschaftmaschinen, Militärtransportfahrzeugen usw. genutzt. Einige Prototypen von Mondfahrzeugen basierten ebenfalls auf dem Knicklenkungskonzept [27]. Zu Begin der sechziger Jahre sind in geringem Umfang auch knickgelenkte „Tandemschlepper" hergestellt worden. Man hat zwei Standardschlepper ohne Vorderachsen „Front an Heck" gelenkig miteinander verbunden.

Abb. 2.7. Pavesis Konzept eines Knickfahrzeugs (1913)

Die Knicklenkung ist ein Lenksystem, bei dem keine Räder oder Achsen durch Lenkeinschläge bewegt werden. Diese bleiben gerade ausgerichtet an ihren Fahrzeugsrahmenteilen befestigt, wobei es keinen Unterschied macht, ob Pendelachsen, Einzelräder oder Starrachsen verwendet werden und ob diese gefedert oder ungefedert sind. Gelenkt wird, wie der Name sagt, durch das „Knicken" des Fahrzeugs. Man hat zwei Fahrzeugteile (Baueinheiten oder Glieder), den Vorder- und den Hinterwagen, die mit einem Knickgelenk verbunden sind. Im Bereich der Erdbaumaschinen sind auch Geräte mit zwei Knickgelenken bekannt, z.B. der Zweigelenklader „Trojan" der Firma Yale and Towne (Abb. 2.9) [27].

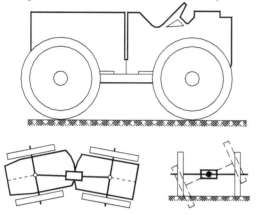

Abb. 2.8. Funktionsprinzip nach Pavesi

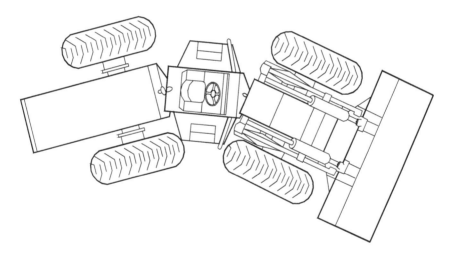

Abb. 2.9. Zweiknickgelenklader „Trojan"

Diese Maschine besteht aus drei Baueinheiten. Zweigelenkfahrzeuge sind sehr wendig und besitzen die Möglichkeit, im Hundegang zu fahren. Zum Beispiel ist bei Gradern diese Fähigkeit von größtem Vorteil. Diese Nutzfahrzeuge wurden vor allem für experimentelle Zwecke entwickelt. Wegen des zu großen konstruktiven Aufwands haben sie sich in der Praxis nicht durchsetzen können. Es existieren aber auch Fahrzeuge mit mehreren Gelenken, z.B. der sog. Transportlastzug der Firma Le Tourneau (13 Baueinheiten), Abb. 2.10 [27] und [149].

Als Standardbauweise werden heute Fahrzeuge aus zwei Baueinheiten gebaut. Die Lenkbewegung wird z.B. bei Radladern bis zu einem Knickwinkel von max. ± 50° durch ein Stangenlenkgetriebe mit zwei Hydraulikzylinder ermöglicht. Vor übermäßiger Verschmutzung und Beschädigung im Gelände ist das Knickgelenk im Vergleich zu einem Spurstangengelenk geschützt, da es sehr viel höher angeordnet und robuster ausgeführt ist.

Abb. 2.10. Der sog. Transportlastzug der Firma Le Tourneau

Die geländegängigen Nutzfahrzeuge besitzen in der Regel keine Federung, sondern starre Achsen, um die extremen Einsatzbedingungen des Betriebs zu verkraften. Dynamische Belastungen des Fahrzeugs und des Fahrers werden teilweise durch weiche großvolumige Reifen und einen gefederten Sitz gedämpft.

Eine weitere Möglichkeit dynamische Belastungen zu dämpfen, ist durch die Rad-Aufhängung oder z.B. bei Radladern durch den Laststabilisator [63], [126] gegeben. Dieses bisher vor allem in anderen Bereichen verwendete Prinzip der Aufhängung wird neuerdings auch für Radlader, z.B. beim ZL 5001 F der Firma Zettelmeyer, angewendet [63]. Diese lastaktive Federung verbessert in erster Linie den Fahrkomfort und erlaubt Fahrgeschwindigkeiten bis zu 60 km/h. Hiermit wurde eine besondere Anforderung des Katastrophenschutzes und des Militärs erfüllt (befahren von Autobahnen mit der vorgeschriebenen Mindestgeschwindigkeit).

Im allgemeinen wird in geländegängigen Nutzfahrzeugen ein zusätzliches Gelenk mit horizontaler Achse (Pendelgelenk) eingebaut. Die spezielle Bauweise des Pendelgelenks ist sehr einfach und robust und dadurch kostengünstig. In der Praxis wird das Pendelgelenk auch deshalb häufig eingesetzt, weil das Fahrwerk der Maschine sich selbstständig verschiedenen Bodenprofilen anpasst. Darüber hinaus ist es möglich, das System des Fahrwerks für vertikale Belastungen statisch bestimmt zu berechnen, obwohl die Maschine mit ihren vier Reifen vier Aufstandspunkte besitzt. Das statisch bestimmte System des Fahrwerks mit einem Pendelgelenk bewirkt zusätzlich, dass das gesamte Fahrzeuggewicht zur Traktion und damit zu einer verbesserten Einsatzfähigkeit beiträgt. Das Abheben eines Rades wird weitgehend vermieden, und dadurch ist eine gute Mobilität gewährleistet.

Bei geländegängigen Nutzfahrzeugen werden vor allem zwei Konstruktionsvarianten verwendet, die sich hauptsächlich durch die Lage das Pendelgelenks unterscheiden:

1. Fahrzeuge mit Pendelachse, hier wird eine der Achsen (Vorder- oder Hinterachse), in der Regel die weniger belastete Achse, durch ein Pendelgelenk mit dem Rahmen verbunden, Abb. 2.11. Der Pendelwinkel beträgt rd. $= \pm 12°$.
2. Fahrzeuge mit Pendelrahmen, bei dieser Bauweise sind die Achsen starr mit dem Rahmen verbunden, und das Pendelgelenk ist mit dem Knickgelenk in einer kompakten Einheit zusammengefasst (Gelenk mit zwei Freiheitsgraden), Abb. 2.12. Manche Firmen bauen bei dieser Fahrzeuge als Alternative ein Knickgelenk mit Pendelstange.

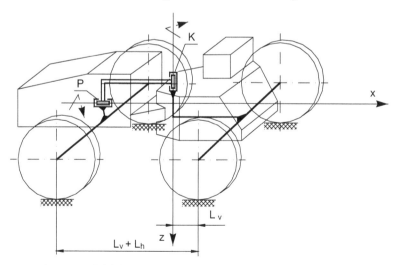

Abb. 2.11. Knickfahrzeug mit pendelnder Hinterachse: K-Knickgelenk, P-Pendelgelenk

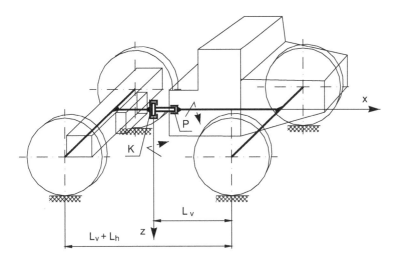

Abb. 2.12. Knickfahrzeug mit pendelndem Vorderrahmen
K-Knickgelenk, P-Pendelgelenk

Es existieren auch Knickfahrzeuge aus zwei Baueinheiten, die mit einem Gelenk, das drei Freiheitsgrade besitzt, verbunden sind [30].

Die in [121] dargestellten Untersuchungen haben ergeben, dass die Standsicherheit des knickgelenkten Fahrzeugs am Hang wesentlich von der Lage des Pendelgelenks abhängt (Abb. 2.13).

Für ein Nutzfahrzeug mit beladenem Ausleger, z.B. einen Radlader mit gefüllter Ladeschaufel, lassen sich hinsichtlich der Gerätestandsicherheit in Abhängigkeit vom Bauprinzip folgende Aussagen treffen:

- Die geringste Standsicherheit besitzen Fahrzeuge mit Pendelachse vorne (Abb. 2.13, Bauart IV).
- Fahrzeuge mit vorne pendelndem Rahmen besitzen eine bessere Stabilität (Abb. 2.13, Bauart III).
- Die höchstmögliche Standsicherheit für Nutzfahrzeuge dieses Typs wird mit Fahrzeugen erreicht, die hinten pendelnde Achsen oder Rahmen besitzen (Abb. 2.13, Bauart I und II). Die bessere Lösung wird mit der hinten pendelnden Achse erreicht.

Bei Knickfahrzeugen mit anderer Anordnung des Pendelgelenks muss im Einzelfall genau berechnet werden, welche Pendelart sich für konkrete Aufgaben am besten eignet.

Es lohnt sich immer, eine genaue analytische Untersuchung der Standsicherheit vorzunehmen, weil hier noch genügend Konstruktionsreserven verborgen sind. So wurden erst jüngst Standsicherheitsreserven bei Lademaschinen geschaffen, indem man deren Pendelachsen nicht senkrecht zur

18 2 Bauarten und Eigenschaften von Lenksystemen der Radfahrzeuge

Knickachse anordnet, sondern durch den Schwerpunkt des Motorwagens führt [97]. Sie erhält dadurch eine Neigung von etwa 10° nach oben. Wie die in [97] dargestellte Analyse zeigt, ruft eine Pendelbewegung in Knickstellung des Fahrzeugs keine zusätzliche Verschiebung des Schwerpunktes hin zur Kippkante hervor. Es gibt keine Höhenverschiebung des Schwerpunktes.

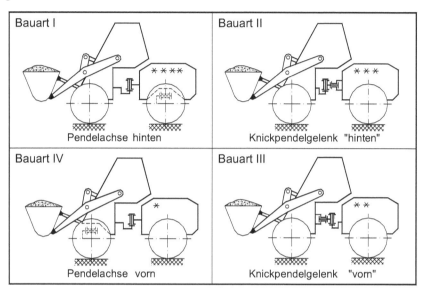

Abb. 2.13. Beurteilung der Bauarten und der Anordnung des Knick- und Pendelgelenks auf die Standsicherheit eines Radladers von sehr gut **** bis schlecht * [121]

An dieser Stelle soll man auch betonen, dass im Pendelgelenk eingebaute Dämpfungselemente zu ruhigem und stabilem Fahrverhalten führen [89] u. [63]. Diese Erkenntnisse haben virtuelle Untersuchungen der Fahrdynamik einer Knickmaschine bewiesen [63].

Es gibt auch Knickmaschinen, z.B. Scraper, (Abb. 2.13) die mit einem Knickwinkel von ± 90° arbeiten. Das Knickgelenk dieser Maschine befindet sich mit einer "unerheblichen" Verschiebung nach hinten, über der Achse der vorderen Baueinheit, wodurch die Standsicherheit der Maschine verbessert wird. Das die vordere und hintere Baueinheit des Geräts verbindende Knickgelenk wird als kompaktes Knick-Pendelgelenk so tief wie möglich eingebaut und ermöglicht ein gegenseitiges Einpendeln von Vorder- und Hinterwagen bis rd. ± 20°.

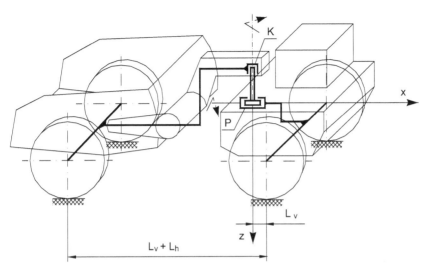

Abb. 2.14. Knickmaschine (Scraper) mit unerheblicher Verschiebung L_v des Knickgelenkes hinter die Achse des Schleppers

2.4 Kombinierte Lenkung

Kombinierte Lenkung ist eine Lenkung, die aus mindestens zwei typischen Lenkungsarten z.B. Achsschenkel- und Knicklenkung besteht.

Kombinierte Lenkungen werden bei Nutzfahrzeugen verwendet, die eine außerordentliche Vielseitigkeit im Einsatz erfordern, z.B. Transportlastmaschinen [16], Motorgrader (Abb. 2.3), einige Radlader der Firma Liebherr oder Strandreinigungsfahrzeuge der Firma Kässbohrer Geländefahrzeug AG [157]. Der Fahrer kann die Art der Lenkung stets den Erfordernissen des Einsatzes genau anpassen. Eine kombinierte Knick- und Achsschenkellenkung erhöht die Manövrierfähigkeit auf engstem Raum. Gute Manövrierfähigkeit bedeutet Steigerung der Leistungsfähigkeit durch kürzere Wendezeiten. Beim Motorgrader mit Vorderachs- und Knicklenkung sowie Schlupfregelung eignet sich diese kombinierte Lenkung insbesondere für das Planieren in Kurven und an Randsteinen. Spurversetzt laufen Vorder- und Hinterräder bei eingeschlagener Knicklenkung in der gleichen Richtung (Hundegang), siehe Abb. 2.3. Im Hundegang wird die seitliche Reichweite vergrößert, die Sicht verbessert, ein sicheres Arbeiten auch an Böschungen ermöglicht und die hohe Leistungsfähigkeit beibehalten.

Es sind auch Nutzfahrzeuge bekannt, die als Lenksystem eine Kombination aus Knicklenkung und Achsschenkellenkung der Hinterachse haben [157]. Diese Kombination beider Lenksysteme wurde erstmalig an mobilen Lademaschinen bei dem Radlader L507 der Firma Liebherr angewendet und wird als Stereolenkung bezeichnet [89]. Die Stereolenkung hat folgende Hauptvorteile [100]:

- Extrem kleiner Wenderadius, siehe Abb. 2.16.
- Erhöhte seitliche Standsicherheit durch Reduzierung des Knickwinkels von 40° auf 28° (nach jeder Seite) und damit verbundene Verbesserung des Fahrgefühls im Gelände. Zu beachten ist bei knickgelenkten Radfahrzeugen, die sich beim Knicken ergebende Schwerpunktverschiebung in Längs- und Querrichtung, so dass eine erhöhte Seiten-Kippanfälligkeit des Laders auf geneigten Flächen entsteht.
- Breiter und bequemer Einstieg in allen Laderstellungen.
- Größere Nutzlast auf der Schaufel durch größeren Radstand.
- Weitere Merkmale dieser Stereolenkung sind die Anordnung eines zentralen Knick-Pendelgelenkes mit Dämpfungselementen und einer pendelnden Hinterachse bei der der Pendelwinkel von 12° auf 6° (nach jeder Seite) reduziert ist.
- Ruhiges und stabiles Fahrverhalten des Nutzfahrzeugs im Gelände.
- Der deutlich geringere seitliche Kippwinkel der Kabine, im Vergleich zu anderen Systemen, erleichtert dem Fahrer die Arbeit besonders beim Überfahren von Hindernissen.

2.5 Radseitenlenkung

Bei Radseitenlenkung, in der Literatur Antriebs-, Brems- oder Skid-Lenkung genannt, handelt es sich meist um kleine sehr kompakt gebaute Nutzfahrzeuge z.B. Radlader mit zwei oder auch drei angetriebenen nicht lenkbaren Achsen. Mit dieser Lenkungsart werden zuweilen auch Dozer gebaut. Der Lenkprozess funktioniert im Prinzip wie beim Kettenfahrzeug. Die Lenkbewegung wird über Abschalten bzw. Abremsen einer Radseite durch die Differenz der Umfangsgeschwindigkeit der Räder bewirkt. Darüber hinaus können die beiden Antriebsseiten gegenläufig betätig werden (Abb. 2.15).

Dabei sieht man sehr deutlich, dass es sich eigentlich um keine Lenkbewegung, sondern gewissermaßen um ein seitliches Verschieben des ganzen Fahrzeuges handelt. Die vom jeweiligen Beladungszustand abhängige Gesamtschwerpunktlage spielt eine wesentliche Rolle für den Wendekreis.

Jede Lenkkorrektur verursacht ein seitliches Verquetschen des Bodens, ein schonendes Befahren des Planums ist damit nicht gegeben. Bei Dozern z.b. ergibt ein kurzer Achsabstand einen ungleichmäßigen Bodendruck und einen schlechten Ausgleich von Bodenunebenheiten. Nutzfahrzeuge dieser Bauart, z.B. Klein-Radlader, verfügen über eine meist nur geringe Bodenfreiheit und die damit verbundenen Nachteile bei schwierigen und wenig tragfähigen Bodenverhältnissen. Die Wendigkeit, die aus dieser Lenkungsart resultiert, ist von allen vorher beschriebenen Lenkungen die größte. Die antriebsgelenkte Fahrzeuge mit ihrer extremen Wendigkeit zeigt ihre Einsatzvorteile bei äußerst beengten Platzverhältnissen, die sie in der Praxis mit schlechterem Fahrverhalten, schwachen Transportleistungen und hohen technischen Belastungen, wie z.B. hohem Profilverschleiß der Räder, erkauft.

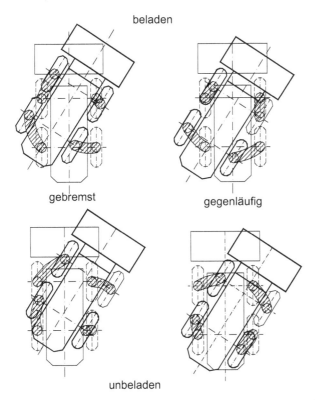

Abb. 2.15. Lenkbewegungen von Kompaktladern mit Radseitenlenkung nach verschiedenen Beladungszuständen und Antriebsarten

2.6 Vergleich von Lenksystemen

Vergleichende Bewertungen werden für Lenksysteme vor allem bei Radladern angestellt, weil sie hier eine besondere Bedeutung besitzen. Man kann feststellen, dass es ein für alle Einsatzzwecke überragendes Lenksystem nicht gibt. Die Vor- und Nachteile der verschiedenen Lenkungsarten sind im Einzelfall zu beurteilen. Die richtige Auswahl des Lenksystems muss vom Hersteller am konkreten Einsatzfall entschieden werden. Zum Beispiel haben die Hersteller von Radladern als eines der Hauptkriterien zur Wahl des Lenksystems die Größe der eingebauten Motorleistung angenommen [157] u. [160]. In Übereinstimmung damit existieren im Bereich sog. kleiner Lader (bis 60 kW) verschiedene technische Lösungen von Lenksystemen nebeneinander, z.B. Antriebslenkung, Achsschenkellenkung und Knicklenkung. Bei mittleren und großen Ladern wird in der Regel die Knicklenkung verwendet, da sie viele Konstruktions- und Betriebsvorteile für solche mobile Maschinen bietet. Aufgrund bisheriger Erkenntnisse werden die Hauptvorteile und die Hauptnachteile der Knicklenkung gegenüber der Achsschenkellenkung dargestellt, weil sie die wichtigsten Lenksysteme bilden. Die anderen wissenschaftlich nachgewiesenen Vor- und Nachteile dieser Systeme werden in einem weiteren Kapitel dieses Buches vorgelegt.

Hauptvorteile der Knicklenkung gegenüber der Achsschenkellenkung:

- Die Knicklenkung ist das einzige Lenksystem, bei dem eine Richtungsänderung beider Teile des Fahrzeugs auftreten kann, wenn im Stand ein Lenkeinschlag eingeleitet wird. Aus der Anwendung der Knicklenkung bei Radladern ergibt sich eine gute Manövrierbarkeit z.B. zur Schaufelpositionierung durch das Lenken im Stand.
- Aus einem kleineren freien Fahrraum FR resultiert eine gute Wendigkeit und Manövrierbarkeit bei beengten Platzverhältnissen, siehe Abb. 2.16.
- Der für die Manövrierbarkeit wichtige kritische Punkt P_k der Maschine (Abb. 2.16) befindet sich im Vorderteil des Fahrzeugs und damit ständig im Blickfeld des Fahrers.
- Wenderadius ist im Vergleich zur Einachs- Achsschenkellenkung bei einem gleichen Fahrzeug wesentlich geringer.
- Knicklenker haben trotz großer Radstände kleine Wenderadien; Einzelradbremsen sind zur Erreichung kleiner Wenderadien nicht erforderlich.
- Größere Zugkraft bei Kurvenfahrt auf nachgiebigen Böden (Abb. 2.17).
- Minimaler gesamter Leistungsbedarf bei Kurvenfahrt auf nachgiebigen Böden (Abb. 2.18).

- Wegen des großen Radstandes größere Standfestigkeit und geringere Kopflastigkeit des beladenen Gerätes (günstigere Bodendruckverteilung).
- Zwangsläufig gute Lenkgeometrie durch unveränderliche Radstellung zum Rahmen. Wendekreismittelpunkt (Momentanpol M_0) liegt im Schnittpunkt beider eingeschlagener Starrachsen (Abb. 2.16).

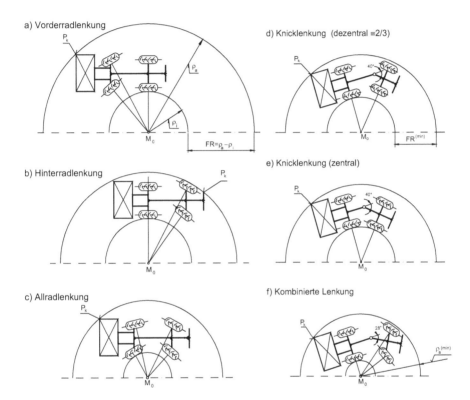

Abb. 2.16. Vergleich der Wendigkeit unter beengten Verhältnissen bei verschiedenen Lenksystemen eines Radladers, FR-Fahrraum

- Große Mobilität in schwierigem Gelände, durch die Verwendbarkeit großer, breiter Reifen; durch sog. „Schlangenlenkung" im Gelände ist ein Freifahren möglich.
- Einfachere Starrachsen (keine homokinetischen Gelenke).
- Möglichkeit der Anwendung nahezu baugleicher Achsen, wobei die Hinterachse im Regelfall als Pendelachse ausgebildet ist.
- Größere Bodenfreiheit durch hochliegendes Lenkgetriebe.

24 2 Bauarten und Eigenschaften von Lenksystemen der Radfahrzeuge

- Bei Radplaniergeräten bessere Ausnutzung der Schubkraft in Kurven (Seitenstabilität) und besserer Ausgleich von Bodenunebenheiten.
- Bei zentraler Lage des Knickgelenks zwischen den beiden Achsen laufen Vorder- und Hinterräder in derselben Spur. Hierdurch werden die Rollwiderstände in der Regel erheblich verringert, die Geschwindigkeiten erhöht und der Verschleiß der Reifen reduziert. In diesem Fall tritt der sogenannte Multi-Pass-Effekt auf, der bei bestimmten Bodenverhältnissen gewisse Vorteile bietet, z.B. beim Ziehen schwerer Lasten entscheidet in solchen Einsatzsituationen häufig das letzte Quäntchen zusätzlich vorhandener Zugkraft über das Fortkommen.
- Bei Ankuppeln von Geräten bietet das Knicklenkungssystem durch das "Wedeln" des Hinterwagens des Fahrzeugs eine gute "Hilfe" beim Fügen der Kupplungsteile.

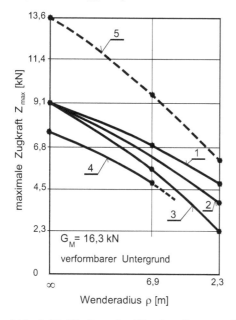

Abb. 2.17. Einfluss der Wenderadien ρ auf die maximale Zugkraft Z_{max} von Nutzfahrzeugen mit verschiedenen Lenksystemen [1]; 1-Knicklenkung mit Allradantrieb (4x4), 2-Achsschenkel-Allradlenkung mit Allradantrieb (4x4), 3-Antriebslenkung mit Allradantrieb (4x4), 4-Achsschenkel-Vorderradlenkung mit Einachsantrieb (4x2), 5-Kettenfahrzeug mit Antriebslenkung

Hauptnachteile der Knicklenkung gegenüber der Achsschenkellenkung:

- Geringere Querstandsicherheit (in Längsrichtung gut). Die Lage des Schwerpunktes des Fahrzeugs ändert sich außer durch Quer-Neigung auch durch Lenkeinschlag, siehe Abb. 2.19.

Eine vergleichbar gute Standsicherheit ist bei Fahrzeugen mit Knicklenkung nur dann zu erreichen, wenn die Schwerpunkte der beiden Geräteteile in den Achsen liegen. Das lässt sich in der Praxis schwer realisieren. Um die Sicherheit für den Maschinenbediener nicht nur durch passive Maßnahmen (z.B. ROPS roll-over protective structure) zu gewährleisten, wurden aktive Standsicherheitsysteme entwickelt [45, 52, 62].

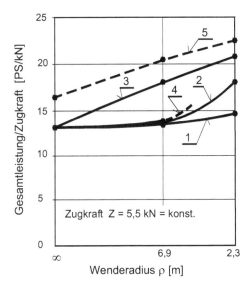

Abb. 2.18. Abhängigkeit des Parameters: Gesamtleistung / Zugkraft (P/Z) in Bezug zu den Wenderadien ρ für verschiedene Lenksysteme [1]; (Bezeichnungen 1÷5 wie in Abb. 2.17)

- Ein knickgelenktes Fahrzeug bedarf bei vergleichbarem Lenkmanöver immer größerer Lenkkräfte und damit auch mehr Lenkenergie als ein Fahrzeug mit Starrrahmen und Achsschenkellenkung, siehe Abb. 2.20
  Dieser Nachteil kann z.B. durch automatisches Auskuppeln der Antriebsachsen während des Lenkens des Fahrzeugs mit Knicklenkung im Stand verringert werden [35], [57]. Infolge des Abschaltens der Antriebsachsen beim Lenken im Stand erzielt man, außer der Verminderung des Reifenverschleißes, auch eine mehr als dreifache Verminderung der Lenkwiderstände des Fahrzeugs auf Beton, was durch experimentelle Versuche bestätigt wurde [34].
- Aufwendiger und teurer Tragrahmen.
- Hundegang" nicht möglich.
- Querfahrt nicht möglich.

26   2 Bauarten und Eigenschaften von Lenksystemen der Radfahrzeuge

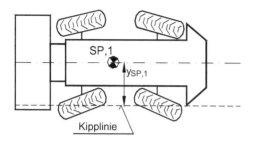

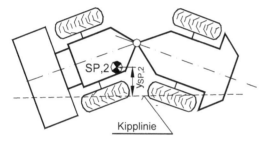

Abb. 2.19. Einfluss des Lenksystems auf die Standsicherheit eines Radladers: SP,1-Schwerpunkt des Radladers mit Allradlenkung, SP,2-Schwerpunkt des Radladers mit Knicklenkung

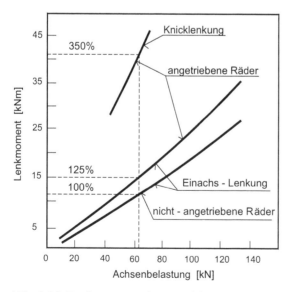

Abb. 2.20. Lenkmomente der verschiedenen Lenksystemen [161]

- Kurvenfahrt erfordert infolge des seitlichen Ausknickens ein Umgewöhnen.
- Einsatz des Schleppers mit Knicklenkung ist bei intensiver Bodenbearbeitung mit Dreipunktanbaugeräten problematisch. Jede Lenkbewegung auf einem Knickschlepper wirkt sich auch auf das Anbaugerät und damit auf die Qualität der Bodenbearbeitung aus. Ein knickgelenkter Schlepper bringt nur dann befriedigende Arbeitsergebnisse, wenn das Gerät an einem Anhängerbolzen freischwingend befestigt ist und dann, wie in früheren Zeiten, mit Hilfe eines eigenen Fahrbockes über den Boden gezogen wird, wie es z.T. auch in Amerika gemacht wird. Bei extensiver Bewirtschaftung kann diese Arbeitsweise durchaus vorgenommen werden.
- Schlechtere Fahrstabilität bei großen Geschwindigkeiten.

3 Lenkparameter für Radfahrzeuge mit Achsschenkellenkung

Der Lenkvorgang eines Fahrzeugs ist mit Energieverbrauch der Lenkanlage verbunden. Um rationell die Leistung dieser Anlage zu dimensionieren muss man die wesentlichen Lenkparameter, d.h., das nötige Lenkwiderstandmoment und die nötige Lenkgeschwindigkeit als Nominal-Lenkparameter für jede Art von Lenksystemen bestimmen.

In diesem Kapitel werden wesentliche Grundlagen für die Auslegung der Lenkparameter von Fahrzeugen mit Achsschenkellenkung dargestellt. Eine breitere Behandlung dieser Problematik findet man in den Arbeiten [77, 133, 146].

3.1 Lenkkinematik von Fahrzeugen mit Vorderradlenkung

Kinematische Zusammenhänge des Lenkvorgangs von Fahrzeugen mit Achsschenkel-Vorderradlenkung nach Ackermann sind in Abb. 3.1 dargestellt.

Unter dem Ackermann-Grundgesetz der Lenkung versteht man jene geometrische Bedingung, dass sich bei statischer Betrachtung der Kurvenfahrt die Normalen im Radaufstandspunkt der Radebenen in einem Punkt M_o (Momentanpol) auf der verlängerten in die Fahrbahn projizierten Hinterachse schneiden müssen, wobei Normalordnung der Räder vorausgesetzt ist, d.h. Vorspur, Sturz, Nachlauf und Spreizung sind Null, .

Die Bedingung, dass sich alle Normalen in den Radaufstandspunkten der Radebenen in diesem Punk M_o auf verlängerten in die Fahrbahn projizierten Hinterachse schneiden müssen, ist aus der Forderung entstanden, dass alle Räder während des Lenkvorgangs rollen müssen und seitliches Gleiten der Räder vermieden wird.

Die nach Ackermann erforderlichen Lenkwinkel $\delta_{A,a}$ am kurvenäußeren Rad und δ_i am inneren Rad lassen sich leicht mit Hilfe der kinematischen Zusammenhänge in Abb. 3.1 berechnen

30　3 Lenkparameter für Radfahrzeuge mit Achsschenkellenkung

$$\cot \delta_{A,a} - \cot \delta_i = \frac{B_A}{L}. \qquad (3.1)$$

Es bezeichnen:
B_A – Achsschenkelbolzenabstand,
L – Radstand.

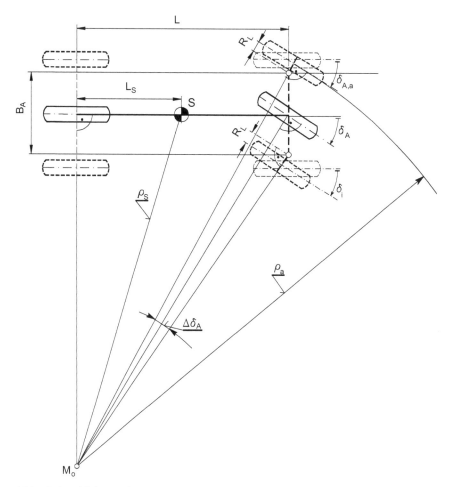

Abb. 3.1. Ableitung der mathematischen Beziehungen für gleitungsfreies Rollen aller Räder bei Kurvenfahrt

Der Einschlagwinkel des kurvenäußeren Rades ist bei der Achsschenkellenkung stets kleiner als der des kurveninneren Rades.

Der in der Abbildung 3.1 eingetragene Lenkdifferenzwinkel $\Delta\delta_A$ (früher Spurdifferenzwinkel genannt) und der Spurkreisdurchmesser ρ_A, den das kurvenäußere Rad durchläuft, haben die Größe

$$\Delta\delta_A = \delta_i - \delta_{A,a} \tag{3.2}$$

und

$$\rho_a = \frac{L}{\sin\delta_{A,a}} + R_L, \tag{3.3}$$

wobei
R_L – Lenkrollhalbmesser.

Der kleinste erreichbare Wendekreisdurchmesser ρ_A ist ein gutes Mittel zur Beurteilung der Wendigkeit eines Fahrzeugs.

Bei heutigen Personenkraftwagen mit Einzelradaufhängung beträgt der Lenkrollhalbmesser R_L oft nur wenige Millimeter (unabhängig, ob positiv oder negativ) und ist im Vergleich zur Spurweite der Lenkachse vernachlässigbar klein. Bei Starrachsen wird R_L jedoch größer und sollte mit in die Berechnung eingehen.

Aus fahrtechnischen Gründen wird der äußere Istwinkel δ_a im allgemeinen größer als der Sollwinkel $\delta_{A,a}$ gehalten, und zwar um die Lenkabweichung $\Delta\delta_F$

$$\Delta\delta_F = \delta_a - \delta_{A,a}. \tag{3.4}$$

Diese Abweichung $\Delta\delta_F$ wird auch Lenkfehler genannt.

In der Praxis kann die Ackermann-Bedingung nicht immer vollständig erfüllt werden. Kleine Wenderadien verlangen einen großen Einschlagwinkel δ_i, dem oftmals der vorhandene Bauraum Grenzen setzt. Deshalb wird der Istwert δ_a um die Lenkabweichung $\Delta\delta_F$ erhöht. Mit einem bewusst erzeugten Lenkfehler lässt sich eine Verringerung des Spurkreisdurchmessers (und damit ein günstigerer Wendekreis) erreichen. Erfahrungsgemäß beträgt $\Delta\rho \approx 0,1$ pro Grad Lenkfehler. Zur überschlägigen Berechnung kann folgende Formel dienen [146]

$$\delta_a = \left(\frac{L}{\sin\delta_{A,a}^{(max)}} + R_L\right) - 0,1 \cdot \Delta\delta_F. \tag{3.5}$$

Wie groß $\Delta\delta_F$ sein sollte hängt vom Gesamtfahrzeug ab und wird individuell im Fahrversuch ermittelt [146]. Dabei ist zu berücksichtigen, dass sich eine zu große Lenkabweichung ungünstig auf den Reifenverschleiß auswirken kann. Fertigungsungenauigkeiten und Lagerspiele in den Gelenken des Lenkgestänges verursachen zusätzliche Lenkfehler.

Nach DIN 70 000 wird die Gesamtlenkübersetzung i_s aus dem Verhältnis der Änderung des Lenkradwinkels $\Delta\delta_H$ zur Änderung des mittleren Lenkwinkels $\Delta\delta_m$ eines Paares gelenkter Räder bestimmt

$$i_s = \frac{\Delta\delta_H}{\Delta\delta_m}, \qquad (3.6)$$

wobei

$$\Delta\delta_m = \frac{\Delta\delta_a + \Delta\delta_i}{2}. \qquad (3.7)$$

Den Bezug zwischen den Lenkwinkeln der Vorderräder und dem Kurvenhalbmesser ρ_s auf dem sich der Schwerpunkt S des Fahrzeugs bewegt, stellt der Ackermannwinkel δ_A her. DIN 70 000 enthält für den Ackermannwinkel folgende Begriffsbestimmung: <<δ_A ist derjenige mittlere Lenkwinkel eines Fahrzeugs, dessen Tangens gleich dem Verhältnis von Radstand L zur Wurzel aus der Differenz der Quadrate von Bahnradius ρ_s des Schwerpunktes S und Schwerpunktabstand L_s der Hinterachse ist>> (Abb. 3.1).

Es sind

$$tg\delta_A = \frac{L}{\sqrt{\rho_s^2 - L_s^2}} \qquad (3.8)$$

und

$$\frac{L_s}{L} = \frac{m_A}{m}. \qquad (3.9)$$

Es bezeichnen:
m_A – Eigenmasseanteil auf der Lenkachse,
m – Eigenmasse des gesamten Fahrzeugs.

Zusammenfassend sollte man betonen, dass bei der Anwendung des Ackermann-Grundgesetzes (Gl. 3.1) folgendes beachtet werden muss:

1. Die Beziehung der Gl. 3.1 berücksichtigt nicht, dass ein modernes Fahrzeug eine Radstellung hat, die von rein senkrechten Anordnung des Rades und des Achsschenkelbolzens stark abweicht. Daraus ergibt sich eine räumliche Kurve für die Lenkbewegung des Rades, während man für die oben genannte Beziehung der Gl. 3.1 einen in der Fahrbahnebene

3.1 Lenkkinematik von Fahrzeugen mit Vorderradlenkung 33

liegenden Kreis als geometrischen Ort aller möglichen Lenkeinschläge eines Rades annehmen muss.

2. Infolge Nachlauf und Spreizung der Achsschenkelbolzen neuzeitlicher Fahrzeuge ändern sich die Werte B_A und L gegenüber der zur Festlegung der Beziehung der Gl. 3.1 angenommenen senkrechten Stellung der Achsschenkelbolzen.
3. Unter Umständen kann es sogar erwünscht sein, die starre mathematische Beziehung der Gl. 3.1 zu umgehen, da die elastischen Eigenschaften der Reifen (Schräglaufeigenschaften) dieses im Interesse einer guten Übertragung von Seitenkräften erfordern können, da ohne Schlupf keine Seitenkraftübertragung möglich ist. Natürlich muss hier sinnvoll ein Kompromiss mit der Reifenabnutzung geschlossen werden, und die Überschreitung des Haftbeiwertes zwischen Reifen und Fahrbahn muss mit Sicherheit vermieden werden.
4. Es wird – abweichend von der Praxis – angenommen, dass der Radumfang starr und die Fahrbahnfläche eben sei.

Nach Berücksichtigung der elastischen Reifeneigenschaften, die die Schräglaufwinkel der Reifen beim Lenkverhalten während der Fahrzeugsfahrt bestimmen, kann man die Abbildung 3.1 in anderer Form darstellen (Abb. 3.2).

Aus der Abbildung 3.2 resultiert, dass nach Berücksichtigung der Schräglaufwinkel der Räder der Momentanpol des Fahrzeugs sich vom Punkt M_o bis zum Punkt M verschiebt. Darüber hinaus kann man den Zusammenhang zwischen Lenkwinkel $\delta_{v,a}$ am kurvenäußeren Rad und $\delta_{v,i}$ am kurveninneren Rad mit Hilfe der kinematischen Zusammenhänge in der Abb. 3.2 in folgender Form berechnen:

$$\operatorname{ctg}\left(\delta_{v,a} - \left|-\alpha_{v,a}\right|\right) - \operatorname{ctg}\left(\delta_{v,i} - \left|-\alpha_{v,i}\right|\right) = \frac{B_A}{L_1}, \qquad (3.10)$$

wobei
L_1 – Abstand der Projektion des Momentanpols M auf die Fahrzeuglängsachse von der vorderen Achse dieses Fahrzeugs.

Mit Hilfe der kinematischen Zusammenhänge in Abb. 3.2 kann man bestimmen

$$L_1 = \rho_M \operatorname{tg}\left(\delta_v - \left|-\alpha_v\right|\right) \approx \rho_M \left(\operatorname{tg}\delta_v - \left|-\alpha_v\right|\right). \qquad (3.11)$$

Durch Einsetzen der Abhängigkeit (3.11) in die Gleichung (3.10) unter Berücksichtigung der kinematischen Zusammenhänge in Abb. 3.2 in bezug auf den Kurvenradius ρ_M erhalten wir die Grundgleichung der Fahrzeug-

Achsschenkellenkungen in einer allgemeinen Form, die zusätzlich die Schräglaufwinkel der Räder enthält

$$\text{ctg}(\delta_{v,a} - |-\alpha_v|) - \text{ctg}(\delta_{v,i} - |-\alpha_v|) = \frac{B_A(\text{tg}\delta_v + |-\alpha_h| - |-\alpha_v|)}{L(\text{tg}\delta_v - |-\alpha_v|)}, \quad (3.12)$$

wobei

$$\alpha_v = \frac{\alpha_{v,a} + \alpha_{v,i}}{2}, \quad (3.13)$$

$$\alpha_h = \frac{\alpha_{h,a} + \alpha_{h,i}}{2} \quad (3.14)$$

und

$$\delta_v = \frac{\delta_{v,a} + \delta_{v,i}}{2}. \quad (3.15)$$

Wenn man in der Formel (3.12) $\alpha_v = \alpha_h = 0$ annimmt, erhalten wir die Ackermann-Grundbedingung (Gl. 3.1).

Es ist darauf hinzuweisen, dass die Schräglaufwinkel der Fahrzeugsräder von einer Vielzahl Parametern abhängen, wie z.B.: Eigenschaften und Innendruck der Reifen, Wenderadius, Geschwindigkeit, Lastverteilung, Schwerpunktlage und Aufhängungsart des Fahrzeugs (Starrachse oder Einzelradaufhängung). Darüber hinaus können in der Praxis die theoretischen Anforderungen an die Achsschenkellenkung (Gl. 3.12) nicht vollständig erfüllt werden. Die Luftreifen treten auf Grund ihrer Elastizität als Korrekturfaktor zwischen den Anforderungen an die Lenkung und den konstruktiven Gegebenheiten einer Lenkungsausführung auf.

Man darf dabei die ausgleichende Wirkung der Elastizität nicht überfordern, d.h., man muss die Lenkfehler klein halten und die Lenkungsauslegung dem Idealzustand – einem gemeinsamen Schnittpunkt aller Normalen auf den Geschwindigkeitsvektoren im jeweiligen Radaufstandspunkt - anzunähern versuchen. Die Abweichungen der Lenkkonstruktion von der Ideallenkung ist ein Maß der Güte der Lenkungsauslegung.

Der Fahrwerksingenieur muss auf Grund der Vielzahl von Bestimmungsgrößen der Lenkgetriebebauart – kinematisch gesehen – ein Lenktrapez, –dreieck oder –viereck wählen. Lenktrapeze haben sich bei Starrachsen, Lenkdreiecke und –vierecke bei Einzelradaufhängung durchgesetzt.

Bei starren Vorderachsen ist der Achskörper 1 (Abb. 3.3) so ausgebildet, dass er an den Enden Achsschenkelbolzen aufnehmen kann um die sich die Radträger (Achsschenkel) 2 beim Lenkeinschlag drehen. Die Bolzen stehen um den Spreizungswinkel β in der Rückansicht schräg zur Fahrbahn und sind in der Seitenansicht um den Nachlaufwinkel τ geneigt. Die Verlängerung der Lenkachsen trifft den Boden im Abstand B_A zueinander und legt den Lenkrollhalbmesser R_L zu den Radmitten fest.

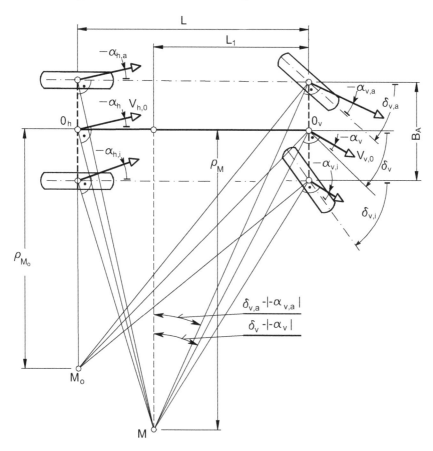

Abb. 3.2. Lenkkinematik während der Fahrt eines achsschenkelgelenkten Fahrzeugs mit Berücksichtigung der Schräglaufwinkel der Räder

An den Radträgern sind die Spurhebel 3 befestigt, die die wahre Länge r_H und den Winkel λ_H zur Fahrzeuglängsachse haben, erkennbar in der oben dargestellten Schrägprojektion. Der Abstand zwischen den Kugelgelenken 4, die den Abstand h_{Kl} zum Boden haben, ergibt die Länge B_{St} der Spurstange. Beim Lenkeinschlag bewegen sich die Punkte 4 kreisförmig um die Lenkachse. Spurhebel und Spurstange bilden das Lenktrapez.

36   3 Lenkparameter für Radfahrzeuge mit Achsschenkellenkung

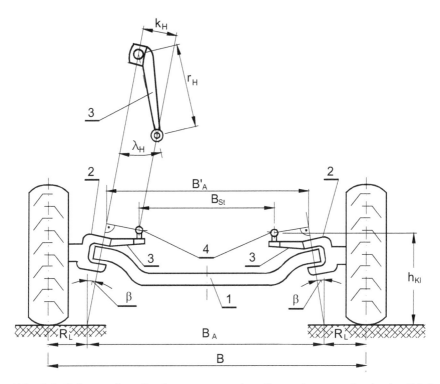

Abb. 3.3. Schema eines Lenktrapezes an einer Starrachse, gezeigt in der Rücksicht

Die Abbildung 3.4 lässt die Strecken und Winkel erkennen, die beim Lenktrapez in die Bestimmung des Lenkdifferenzwinkels $\Delta\delta = \delta_i - \delta_a$ eingehen. Es sind das die Länge r_H der Spurhebel und deren Winkel λ_H. Ihre Größe bestimmt die Spurstangenlänge B_{St} unter der Annahme, dass B_A' Bauraum und -konzept bedingt vorgegeben wurde. Die Größe von $\Delta\delta$ lässt sich zeichnerisch [77] indem r_H und λ_H vorgegeben und der Winkel δ_i verändert wird oder auf rechnerischem Wege ermitteln.

Für Geradeausfahrt gilt

$$B_{St} = B_A' - 2r_H \cdot \lambda_H \tag{3.16}$$

und für Kurvenfahrt

$$B_{St}^2 = \left[B_A' - r_H \sin(\lambda_H + \delta_i) - r_H \sin(\lambda_H - \delta_a)\right]^2 + \\ + \left[r_H \cos(\lambda_H - \delta_a) - r_H \cos(\lambda_H + \delta_i)\right]^2. \tag{3.17}$$

3.2 Lenkwiderstände und Lenkgeschwindigkeit

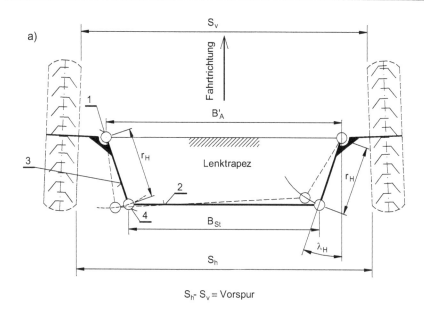

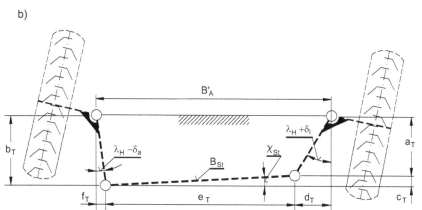

Abb. 3.4. Bestimmungsgrößen für die Auslegung des Lenktrapezes; a) Lenktrapez bei Geradeausfahrt, b) Lenktrapez bei Kurvenfahrt. 1-Anschluß am Radträger (Achsschenkel), 2-Spurstange, 3-Spurhebel, 4-Kugelgelenk

3.2 Lenkwiderstände und Lenkgeschwindigkeit

Das Lenken eines Radfahrzeugs mit Achsschenkellenkung im Stand gibt im Unterschied zu knickgelenkten Radfahrzeugen keine Änderung der Arbeitsrichtung. Da die größten Lenkwiderstände der Ackermannlenkung

38 3 Lenkparameter für Radfahrzeuge mit Achsschenkellenkung

beim Lenken im Stand auftreten (Abb. 3.5), wird diese Bedingung zur Bestimmung des Nominal-Lenkwiderstandes angenommen.

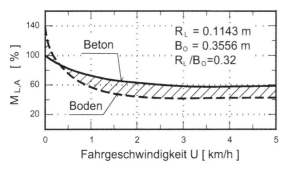

Abb. 3.5. Beispiel der Abhängigkeit des Lenkwiderstandsmoments $M_{L,A}$ eines Fahrzeugs mit Achsschenkellenkung, bezogen auf das Nominal-Lenkwiderstandsmoment im Stand auf Beton, von der Fahrgeschwindigkeit u, R_L – Rollradius, B_0 – Breite des Reifens

Beim Lenken der Räder eines Fahrzeugs mit Achsschenkellenkung führen die Achsschenkel eine Drehbewegung um ihre Achse aus, die um einen bestimmten Winkel ("Spreizung") schräg nach innen geneigt wird (Abb. 3.6).

Dadurch wird folgendes erreicht:

- Der Anlenkpunkt der Radachse am Achsschenkelbolzen wird beim Einlenken angehoben, was mit einem zusätzlichen Kraftaufwand am Lenkrad verbunden ist.
- Durch dieses Anheben entsteht eine nach unten wirkende Gegenkraft, die die Lenkung wieder in die unterste Achsstellung, also wieder in Geradeausstellung, bringen möchte.
- Diese Rückstellkraft trägt bei Geradeausfahrt wesentlich zur Stabilisierung der Lenkung bei.
- Bei eingeschlagenen Rädern bewirkt die Spreizung außerdem eine Erhöhung des positiven Sturzes, besonders am kurvenäußeren Rad. Dadurch wird die übertragbare Seitenführungskraft des Reifens verringert.

Gemäß Abb. 3.6 rollt das Rad während des Lenkens auf dem Kreisbogen 00_1 ab und hebt gleichzeitig das Vorder- (Hinter)teil des Fahrzeugs um den Höhenwert Δh. Das daraus resultierende Kräftemoment im Verhältnis zur Achsschenkelachse, das das Heben des Vorder-(Hinter)teils des Fahrzeugs hervorruft, kann aus folgender Abhängigkeit bestimmt werden [147]

3.2 Lenkwiderstände und Lenkgeschwindigkeit 39

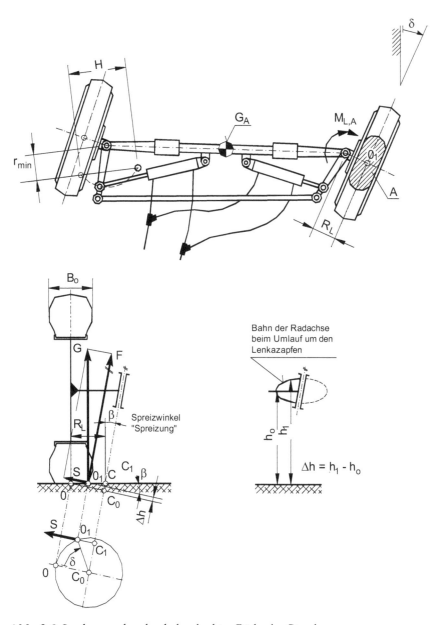

Abb. 3.6. Lenkung achsschenkel-gelenkter Räder im Stand

$$M_H = G_A \cdot R_L \cdot \sin\beta \cdot \cos\beta \cdot \sin\delta. \tag{3.18}$$

Es bezeichnen:

40 3 Lenkparameter für Radfahrzeuge mit Achsschenkellenkung

M_H – Hebemoment, G_A – Achslast, R_L – Lenkrollhalbmesser (Rollradius), ß – Spreizwinkel ("Spreizung"), δ - Radlenkwinkel.

Die Bewegung des Rades beim Drehen des Achsschenkels kann in ein geradliniges Rollen und in eine Drehung des Rades um seine vertikale Achse zerlegt werden. Das Verhältnis des Auftretens der einen und der anderen Bewegungsart ist abhängig vom Wert des Lenkrollhalbmessers R_L und von der Berührungsfläche des Reifens mit dem Untergrund. Das Lenkwiderstandsmoment der Räder im Stand ist also die Summe der aus den obigen Bewegungen resultierenden Momente. In Hinsicht auf die Kompliziertheit der Vorgänge ist die Bestimmung seiner einzelnen Komponenten recht schwer.

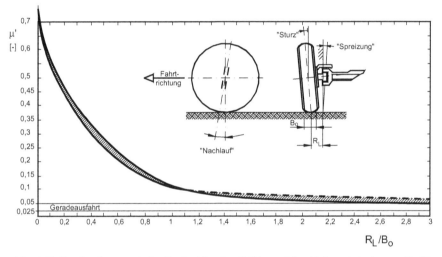

Abb. 3.7. Lenkreibung µ' für Radreifen im Stillstand in Abhängigkeit von R_L/B_0 bei 0,7 Straßen-Reibungszahl

Der Lenkwiderstand im Stand, der die zwei oben erwähnten Komponenten ersetzt und wirklichkeitsnahe Ergebnisse gibt, kann aus folgender Abhängigkeit berechnet werden [147]

$$M_{W,A} = \mu' \cdot G_A \cdot \sqrt{\frac{I_o}{A} + R_L^2} \ . \tag{3.19}$$

Es bezeichnen:

µ'- tatsächlicher äquivalenter Radhaftkoeffizient bei Versetzung auf einem Kreisbogen mit sehr kleinem Radius; der Koeffizient µ' ist abhängig vom Verhältnis R_L/B_O (Abb. 3.7), I_O – polares Trägheitsmoment der Aufstandsfläche, A – Aufstandsfläche des Reifens.

3.2 Lenkwiderstände und Lenkgeschwindigkeit

Wenn keine genaue Beschreibung der Berührungsfläche des Reifens bekannt ist, wird angenommen, dass die Berührungsfläche einen Kreis mit einem Durchmesser gleich der Breite des Reifens B_O bildet. Die Abhängigkeit (3.19) nimmt dann nach der Umformung die Gestalt an

$$M_{W,A} = \mu' \cdot G_A \cdot \sqrt{\frac{B_o^2}{8} + R_L^2} \, . \tag{3.20}$$

Aus der Analyse der Abhängigkeit (3.19) resultiert, dass ein optimaler R_L-Wert (Abb. 3.8) besteht, für den das Lenkwiderstandsmoment des Rades $M_{W,A}$ das Minimum erreicht.

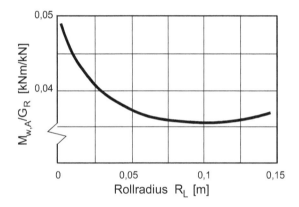

Abb. 3.8. Beispiel der Abhängigkeit $M_{W,A}/G_R$ vom Rollradius R_L bei der Lenkung des Rades im Stand für den Reifen 7,60-15; G_R-Radlast $M_{W,A}$ – Lenkwiderstandsmoment des Rades eines Fahrzeugs mit Achsschenkellenkung

Bei der Vergrößerung von R_L ist jedoch vorsichtig vorzugehen, denn sein großer Wert trägt zur Übertragung von Stossbelastungen auf die Elemente des Lenkgetriebes bei. Der optimale R_L-Wert ist auch von der Art des Untergrundes abhängig. Für hoch belastete Reifen, die auf einem Untergrund mit großen Rollwiderständen arbeiten, wird die Verwendung eines kleinen Radius R_L oder sogar $R_L = 0$ empfohlen. Ähnliche Empfehlungen gelten auch für gelenkte Räder, die angetrieben werden.

Daraus folgt, dass das Moment um die Achsschenkeldrehachse, das zur Lenkung der Maschine auf Beton- oder Asphaltuntergrund unentbehrlich ist, aus der Abhängigkeit zu berechnen ist

$$M_{L,A} = M_H + M_{W,A} \, . \tag{3.21}$$

42   3 Lenkparameter für Radfahrzeuge mit Achsschenkellenkung

Zum Beispiel wird für die hydraulische Lenkanlage die Größe der über Kreuz verbundenen Lenkzylinder unter Vernachlässigung der Wirkungsgrades bestimmt

$$D = \sqrt{\frac{2 \cdot M_{L,A}}{\pi \cdot r_{min} \cdot p_{t,max}} + \frac{d_s^2}{2}} \,, \qquad (3.22)$$

wobei
r_{min} – kleinster Momentarm für die Lenkzylinder.

Für das erforderliche Ölvolumen V_V gilt

$$V_V = \frac{\pi \cdot H \cdot (2 \cdot D^2 - d_s^2)}{4 \cdot i_u} \,. \qquad (3.23)$$

Die Leistung der Hydraulikpumpe beträgt bei der gewünschten Lenkgeschwindigkeit (n_L=60...100 min^{-1})

$$P = \Delta p \cdot V_V \cdot n_L \,. \qquad (3.24)$$

Es bezeichnen:
i_u – Anzahl der Lenkradumdrehungen (i_u=3...4),
Δp – Hydraulikbetriebsdruck.

4 Lenkparameter für Radfahrzeuge mit Knick- und Drehschemellenkung

Die Knicklenkung ist das einzige Lenksystem, das während der Lenkung im Stand die Änderung der Arbeitsrichtung des knickgelenkten Nutzfahrzeugs erlaubt. Dieser Vorteil wird mit Erfolg z.B. beim Aufnehmen und Transportieren des Fördergutes mit Knickladern genutzt. Da der Lenkvorgang eines knickgelenkten Fahrzeugs im Stand sehr wesentlich für die Analyse dieser Fahrzeuge ist und grundsätzlich anders als bei den übrigen Fahrzeuge verläuft, erfordert er eine besondere Erklärung. Nutzfahrzeuge mit Drehschemellenkung können bei diesen Betrachtungen als besonderer Fall eines Fahrzeugs mit Knicklenkung behandelt werden.

4.1 Kinematik des Lenkvorgangs im Stand

Aus der Analyse der Lenkkinematik eines zweiachsigen knickgelenkten Fahrzeugs im Stand resultiert, dass die Räder beider Antriebsachsen des Fahrzeugs in entgegengesetzten Richtungen versetzt werden können [22]. Während des Lenkens entfernen sich die äußeren Räder des Fahrwerks voneinander und die inneren nähern sich, die Mitten der Antriebsachsen nähern sich auch, wobei sie sich im allgemeinen auf gekrümmten Trajektorien bewegen. Gleichzeitig bewegt sich die Achse des Knickgelenks auf einer resultierenden Trajektorie in Querrichtung zur Längsachse des Fahrzeugs beim Knickwinkel $\gamma = 0$ (Abb. 4.1).

Allgemeine parametrische Gleichungen der Trajektorien repräsentativer Punkte eines knickgelenkten Radfahrzeug während des Lenkens im Stillstand (Abb. 4.1) berechnen sich wie folgt:

- Achsmitte der Vorderräder 0_v

$$x_v = \int_0^T dx_v \, d\tau \qquad (x_v)|_{\tau=0} = L_v$$
$$y_v = \int_0^T dy_v \, d\tau \qquad (y_v)|_{\tau=0} = 0$$
(4.1)

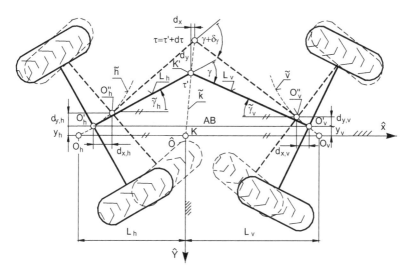

Abb. 4.1. Theoretische Bewegungstrajektorien $\tilde{v}$, $\tilde{h}$ und $\tilde{k}$ von repräsentativen Punkten d.h. O_v u. O_h der Achsmitten des Vorder- und Hintergliedes sowie des Knickgelenkes K beim Lenken eines knickgelenkten Fahrzeugs im Stillstand

- Achsmitte der Hinterräder O_h

$$x_h = \int_0^T dx_h \, d\tau \qquad (x_h)|_{\tau=0} = -L_h$$
$$y_h = \int_0^T dy_h \, d\tau \qquad (y_h)|_{\tau=0} = 0$$
(4.2)

- des Knickgelenkes K

$$x = \int_0^T dx\, d\tau \qquad (x)\big|_{\tau=0} = 0$$
$$y = \int_0^T dy\, d\tau \qquad (y)\big|_{\tau=0} = 0 \qquad (4.3)$$

Knickwinkel des Vorder- und Hintergliedes des Knickfahrzeugs im Verhältnis zum Untergrund (Abb. 4.1) berechnen sich wie folgt

$$\gamma_v = \arcsin\frac{L_h \sin\gamma}{AB} + \frac{|y_h(\gamma)| - |y_v(\gamma)|}{AB}, \qquad (4.4)$$
$$\gamma_h = \gamma = \gamma_v,$$

wobei der Abstand zwischen den Mittelpunkten der Antriebsachsen dargestellt wird von der Formel

$$AB = \sqrt{2 \cdot \frac{L_v}{L_v + L_h} \cdot \left(1 - \frac{L_v}{L_v + L_h}\right) \cdot (\cos\gamma - 1) + 1}. \qquad (4.5)$$

Die Richtungen und die Werte der Versetzung der einzelnen Punkte des Fahrgestells, im Verhältnis zum Untergrund, sind jedoch nicht genau bestimmt, denn sie sind von den tatsächlichen Werten des Widerstandes auf den einzelnen äußeren und inneren Rädern abhängig, die von der Art des Fahrantriebs und vom Untergrund stammen. In diesen Auswirkungen ist jedoch von wesentlicher Bedeutung die Verteilung der Normalreaktionen auf die einzelnen Räder, die Art und der Zustand des Untergrundes unter den Rädern, die Kopplung der Räder mit dem Fahrantrieb (Abb. 4.2), das Spiel und die elastische Nachgiebigkeit des Fahrantriebs sowie der Reifen, wie auch die Art der in den Antriebsachsen verwendeten Differentialgetriebe.

Vom Standpunkt der theoretischen Erwägungen hat ein Knickfahrzeug während der Lenkung im Stand die Beweglichkeit $W_M > 1$. Das bedeutet, dass es keine wiederholbaren Stellungen im Verhältnis zum Untergrund einnimmt. Im Zusammenhang damit, kann man den Lenkvorgang mathematisch nicht eindeutig beschreiben.

Um den Lenkvorgang eines knickgelenkten Fahrzeugs im Stillstand genau zu erklären, wurden Versuche an einem kleinen Untersuchungsradlader (Abb. 4.3) im Labor des Lehrstuhls für Arbeitsmaschinen und Industrielle Fahrzeuge des Institutes für Konstruktion und Betrieb von Maschinen an der TU Wrocław gemacht [21-22].

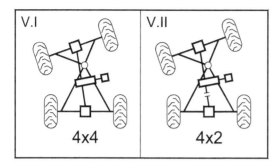

Abb. 4.2. Typische Varianten der Kopplung der Räder mit dem Fahrantrieb bei knickgelenkten Radfahrzeugen; Variante I (4x4) – alle vier Räder sind mit Fahrantrieb, der zwei angetriebene Achsen mit Differentialgetrieben bildet, gekoppelt Variante II (4x2) – zwei Räder sind mit Fahrantrieb, der eine angetriebene Achse mit Differentialgetriebe bildet, gekoppelt

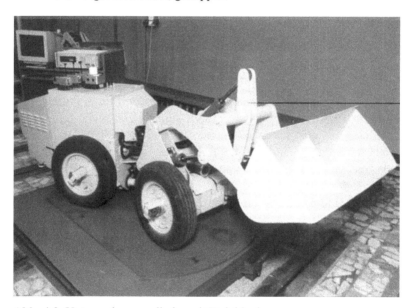

Abb. 4.3. Untersuchungsradlader mit Knicklenkung

Die Untersuchungen am Untersuchungsradlader mit Knicklenkung und auch anderen Nutzfahrzeugen dieser Art zeigen jedoch, dass die Versetzungen von repräsentativen Punkten des Fahrgestells eines Knickfahrzeugs im Verhältnis zum Untergrund nicht ganz beliebig sind, sondern dass sie infolge der Einwirkung der oben erwähnten Faktoren für gewisse Fälle annähernd wiederholbar sind. Zwecks übersichtlicher Erklärung des besprochenen Problems wurden in den Betrachtungen Randbedingungen für das System Knickfahrzeug-Untergrund angenommen, die es ermöglichen zwei extreme Fälle von Versetzungen der Glieder während des Lenkens im Stillstand auszusondern. Die Randbedingungen können mit zwei Grundvorgängen charakterisiert werden.

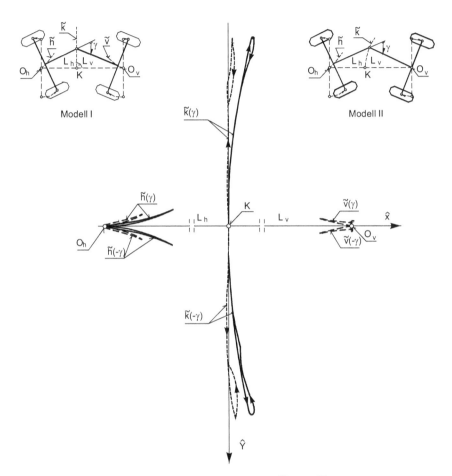

Abb. 4.4. Gemessene Bewegungstrajektorien $\tilde{v}$, $\tilde{h}$ und $\tilde{k}$ d.h. Achsmitten „O_v" u. „O_h" des Vorder- und Hintergliedes sowie Knickgelenkes „K" beim Lenken im Stillstand des Untersuchungsradladers für Variante I (Modell I) und Variante II (Modell II) der Kopplung der Räder mit dem Fahrantrieb (entsprechend Abb. 4.2)

Im ersten Fall sind beide Achsen des Fahrzeugs mit konventionellen Differentialgetrieben durch eine Antriebswelle gekoppelt (Variante I, Abb. 4.2), die Normalreaktionen der Räder sind annähernd gleich, die Räder bewegen sich auf dem gleichen Untergrund und das Knickgelenk befindet sich in der Mitte des Achsenabstandes des Fahrzeugs (oder in seiner Nähe). Im zweiten Fall ist nur eine Achse angetrieben (Variante II, Abb. 4.2). Dadurch besteht ein großer Unterschied in der Einwirkung auf die Räder beider Achsen, also in der Normalreaktion der Räder oder in den inneren Widerständen, oder ein wesentlicher Unterschied in den Parametern des Untergrundes unter den Rädern beider Achsen. Bei den so definierten Bedingungen kann das System eines knickgelenkten Fahrzeugs beim Lenkvorgang im Stillstand durch Modelle mit der Beweglichkeit $W_M = 1$ ersetzt werden.

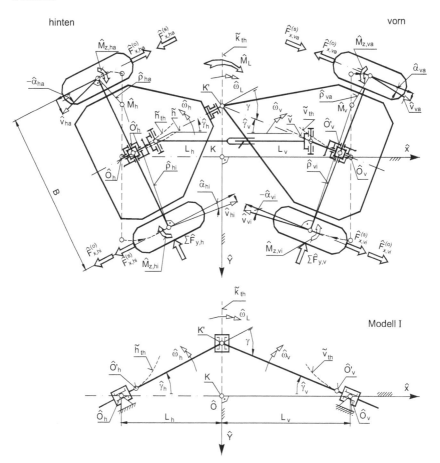

Abb. 4.5. Verteilung der kinematischen Grundgrößen und Belastungen eines knickgelenkten Radfahrzeugs beim Lenken im Stillstand mit zwei Antriebsachsen, ausgerüstet mit konventionellen Differentialgetrieben, die mechanisch miteinander gekoppelt sind, sowie ein kinematischer Ersatzmechanismus - Modell I (entspr. Variante I in Abb. 4.2)

Im ersten Fall (Modell I), siehe Abb. 4.5, wird die Achse des Knickgelenkes in einer Linie senkrecht zur Achse des Fahrzeugs in ihrer Anfangsstellung ($\gamma = 0$) versetzt, die Mitten beider Achsen nähern sich einander und bewegen sich auf gleichgeformten Trajektorien.

Im zweiten Fall (Abb. 4.6) dreht sich die Achse des bedeutend größeren äußeren oder inneren Einwirkungen unterliegenden Gliedes des Fahrzeugs lediglich um den eigenen Mittelpunkt, die Knickgelenkachse bewegt sich auf einem Kreisbogen und die Mitte der zweiten Achse nähert sich auf einer Kurventrajektorie.

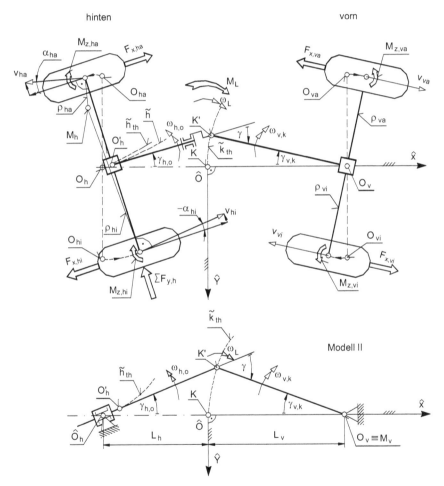

Abb. 4.6. Verteilung der kinematischen Grundgrößen und Belastungen eines knickgelenkten Radfahrzeugs beim Lenken im Stillstand mit Vorderachsantrieb sowie ein kinematischer Ersatzmechanismus - Modell II (entspr. Variante II in Abb. 4.2)

Untersuchungen an Knickfahrzeugen unter typischen Betriebsbedingungen bestätigen mit für die Praxis ausreichender Genauigkeit die Richtigkeit der zur Analyse des Lenkvorganges dieser Fahrzeugen angenommenen Modelle [19, 22, 31].

Bei der Betrachtung des Lenkvorganges des Knickgelenkfahrzeugs im Stand ist zu betonen, dass die zur Erhaltungen der Gleichmäßigkeit der Lenkung erforderliche Ölmenge während des Lenkvorgangs im ganzen Bereich der Nutzdrehzahlen des Antriebsmotors gleich sein soll. Dieses Ziel erfüllen verschiedene, bekannte Lösungen aus dem Bereich der hydraulischen Lenkanlagen, z.B. [27, 157].

Wenn die Hydraulikzylinder des knickgelenkten Fahrzeuges nach Abb. 4.7 mit konstantem Ölstrom Q_L versorgt werden, besteht folgende Abhängigkeit zwischen Lenkzeit t und Lenk-Knickwinkel γ

$$t = \frac{\pi \cdot D^2}{4 \cdot Q_L} \cdot \left[\Delta H_a(a,b,c,d,\gamma) + \left| \Delta H_i(a,b,c,d,\gamma) \right| \cdot \frac{D^2 - d_s}{D^2} \right]. \qquad (4.6)$$

Es bezeichnen:
Q_L – Aufnahmefähigkeit der Hydrauliklenkzylinder, $\Delta H_a(\gamma)$, $\Delta H_i(\gamma)$ Verlängerung des äußeren und Verkürzung des inneren Hydrauliklenkzylinders, D, d_s – Durchmesser des Hydrauliklenkzylinders und des Kolbens, a, b, c, d – Parameter, die die Anordnung der Hydrauliklenkzylinder im Lenkgetriebe beschreiben.

Die momentane Hubgröße des äußeren (ΔH_a) und des inneren (ΔH_i) Hydrauliklenkzylinders berechnen sich wie folgt

$$\Delta H_a = S_a - S_{a,o}, \qquad (4.7)$$

$$\Delta H_i = S_i - S_{i,o}. \qquad (4.8)$$

Für die momentane Länge des äußeren S_a und inneren S_i Hydraulikzylinders gelten folgende Gleichungen

$$S_a = \sqrt{c_A^2 + e_A^2 - 2 \cdot c_A e_A \cdot \cos(\alpha_A + \beta_A + \gamma)}, \qquad (4.9)$$

$$S_i = \sqrt{c_A^2 + e_A^2 - 2 \cdot c_A \cdot e_A \cdot \cos(\alpha_A + \beta_A - \gamma)}, \qquad (4.10)$$

wobei

$$S_{a,o} = S_a|_{\gamma=0} \qquad (4.11)$$

und
$$S_{i,o} = S_i|_{\gamma=0}. \tag{4.12}$$

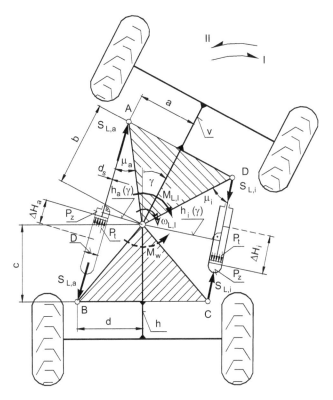

Abb. 4.7. Bestimmungsgrößen für die Berechnung der Lenkgeschwindigkeit und des Lenkmomentes eines knickgelenkten Fahrzeugs

Für die weitere Berechnungen werden folgende Hilfsgrößen eingeführt

$$c_A = \sqrt{a^2 + b^2}, \tag{4.13}$$

$$e_A = \sqrt{d^2 + c^2}, \tag{4.14}$$

$$\alpha_A = \arctg \frac{b}{a}, \tag{4.15}$$

$$\beta_A = \text{arc tg}\frac{c}{d}. \qquad (4.16)$$

Beispielrechnungen zeigen, dass zwischen Lenkzeit und Lenk-Knickwinkel ein nahezu linearer Zusammenhang besteht.

Die relative Winkelgeschwindigkeit (Lenkwinkelgeschwindigkeit) ω_L berechnet sich mit den im Abb. 4.7 angegebenen Übertragungswinkeln μ_a μ_i wie folgt:

– Lenkrichtung im Uhrzeigersinn

$$\omega_{L,I} = \frac{4 \cdot Q_L}{\pi \cdot \sqrt{a^2 + b^2} \cdot \left[D^2 \cdot \sin\mu_a + \left(D^2 - d_s^2\right) \cdot \sin\mu_i\right]}, \qquad (4.17)$$

– Lenkrichtung entgegen dem Uhrzeigersinn

$$\omega_{L,II} = \frac{4 \cdot Q_L}{\pi \cdot \sqrt{a^2 + b^2} \cdot \left[D^2 \cdot \sin\mu_i + \left(D^2 - d_s^2\right) \cdot \sin\mu_a\right]}. \qquad (4.18)$$

Für die Berechnung des Kraft-Übertragungswinkels μ_a im äußeren Hydraulikzylinder werden Hilfsgrößen A_1, B_1, A_L, B_L eingeführt, und es gilt mit

$$\begin{aligned} A_1 &= b \cdot \sin\gamma - a \cdot \cos\gamma \\ B_1 &= -\left(b \cdot \cos\gamma + a \cdot \sin\gamma\right) \\ A_L &= b \cdot \sin\gamma - a \cdot \cos\gamma + d \\ B_L &= -c - \left(b \cdot \cos\gamma + a \cdot \sin\gamma\right) \end{aligned}, \qquad (4.19)$$

$$\cos\mu_a = \frac{A_1 \cdot A_L + B_1 \cdot B_L}{\sqrt{A_1^2 + B_1^2} \cdot \sqrt{A_L^2 + B_L^2}} = \widetilde{A}, \qquad (4.20)$$

wenn $\cos\mu_a \geq 0$ gilt $\mu_a = \text{arc cos}\,\widetilde{A}$, $\qquad (4.21)$

wenn $\cos\mu_a < 0$ gilt $\mu_a = \text{arc cos}\left|\widetilde{A}\right|$. $\qquad (4.22)$

Für die Berechnung des Kraft-Übertragungswinkel μ_i in inneren Hydrauliklenkzylinder werden die Hilfsgrößen A_2, B_2, A_P, B_P eingeführt, und es gilt mit

$$\begin{aligned}A_2 &= -(a\cdot\cos\gamma + b\cdot\sin\gamma)\\B_2 &= b\cdot\cos\gamma - a\cdot\sin\gamma\\A_p &= d - (a\cdot\cos\gamma + b\cdot\sin\gamma)\\B_p &= b\cdot\cos\gamma - a\cdot\sin\gamma + c\end{aligned} \qquad (4.23)$$

$$\cos\mu_i = \frac{A_p\cdot A_2 + B_p\cdot B_2}{\sqrt{A_p^2+B_p^2}\cdot\sqrt{A_2^2+B_2^2}} = \tilde{I}, \qquad (4.24)$$

wenn $\cos\mu_i \geq 0$ gilt $\mu_i = \arccos\tilde{I}$, (4.25)

wenn $\cos\mu_i < 0$ gilt $\mu_i = \arccos|\tilde{I}|$. (4.26)

In Abb. 4.8 sind die Lenk-Winkelgeschwindigkeiten aus Beispielberechnungen dargestellt.

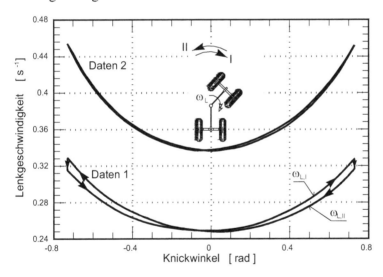

Abb. 4.8. Einfluss der Anordnung des Hydrauliklenkzylinders auf die Lenk-Winkelgeschwindigkeit ω_L eines knickgelenkten Radfahrzeuges für die Beispieldaten: Daten1: a=0,09m, b=1,4m, c=0, d=0,4m, D=0,1m, d_s=0,05m, Q_L=1,33*10^{-3} m³/s; Daten2: a=0,218m, b=0,99m, c=0, d=0,288m, D=0,1m, d_s=0,05m, Q_L=1,33*10^{-3}m³/s

Die Wendegeschwindigkeiten der Glieder eines Knickgelenkfahrzeugs im Verhältnis zum Untergrund (absolute Wendegeschwindigkeit) bei konstanter Lenk-Winkelgeschwindigkeit ω_L während der Lenkzeit t sind von der Kopplungsart der Achsen mit dem Fahrantrieb des Fahrzeugs und von der Anordnung des Knickgelenkes abhängig.

Die absolute Wendegeschwindigkeit der Glieder eines Knickgelenkfahrzeugs mit zwei mit dem Fahrantrieb gekoppelten Achsen (s. Modell I in Abb. 4.5) bei ihrer Lenkung nach rechts berechnen sich nach Abb. 4.5 wie folgt

$$\hat{\omega}_v = \omega_{L,I} \cdot \frac{\dfrac{4 \cdot L_v \cdot L_h \cdot tg^2\gamma}{\hat{P}} - \hat{P} + L_v + L_h}{\left\{1 + \left[\dfrac{\hat{P} - (L_v + L_h)}{2 \cdot L_v \cdot tg\gamma}\right]^2\right\} \cdot 2 \cdot L_v \cdot \sin^2\gamma}, \qquad (4.27)$$

wobei

$$\hat{P} = \sqrt{(L_v + L_h) + 4 \cdot L_v \cdot L_h \cdot tg^2\gamma}, \qquad (4.28)$$

sowie

$$\hat{\omega}_h = \hat{\omega}_v - \omega_{L,I}. \qquad (4.29)$$

Durch Berechnung der Ableitung der Abhängigkeit (4.27) und (4.29) kann man die Winkelbeschleunigungen der Knickgelenkmaschinenglieder bestimmen und zwar

$$\hat{\epsilon}_v = \frac{d\hat{\omega}_v}{dt} \qquad \text{und} \qquad \hat{\epsilon}_h = \frac{d\hat{\omega}_h}{dt}. \qquad (4.30)$$

Für die Lenkung des Fahrzeugs nach links ist in die Formel (4.27) statt der Abhängigkeit (4.17) die Abhängigkeit (4.18) einzusetzen. Eine Beispielrechnung für die Berechnung der kinematischen Größen entsprechend den Abhängigkeiten (4.27) bis (4.29) ist in Abb. 4.9 dargestellt.

Die absoluten Wendegeschwindigkeiten der Glieder eines knickgelenkten Radfahrzeuges beim Lenken im Stillstand mit nur einer mit dem Fahrantrieb gekoppelten Antriebsachse (s. Model II in Abb. 4.6) für das Lenken nach rechts berechnen sich nach Abb. 4.6 wie folgt

$$\hat{\omega}_{h,o} = -\omega_{L,I} \cdot \frac{\dfrac{L_v}{L_v + L_h} \cdot \cos\gamma}{\sqrt{1 - \left(\dfrac{L_v}{L_v + L_h}\right)^2 \cdot \sin\gamma}}, \qquad (4.31)$$

$$\omega_{v,k} = \omega_{L,l} + \omega_{h,o}. \tag{4.32}$$

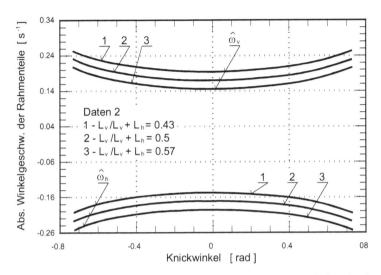

Abb. 4.9. Einfluss der Anordnung des Knickgelenks auf die absolute Wendegeschwindigkeiten der Glieder eines knickgelenkten Radfahrzeuges beim Lenken im Stillstand mit zwei Antriebachsen, die mechanisch gekoppelt sind (Model I), Daten 2 wie in Abb. 4.8

Für das Lenken des Fahrzeugs nach links ist in die Formel (4.31) statt der Abhängigkeit (4.17) die Abhängigkeit (4.18) einzusetzen.

Im Fall größerer Widerstände der hinteren Achse sind in den Formeln (4.31) und (4.32) die Größen mit dem Index v durch die mit dem Index h zu ersetzen. Eine Beispielrechnung der absoluten Wendegeschwindigkeit der Glieder eines knickgelenkten Radfahrzeugs beim Lenken im Stillstand mit Vorderachsantrieb ist in Abb. 4.10 dargestellt.

Die berechneten mittleren Werte der Winkelbeschleunigungen der Knickgelenkmaschinenglieder sowie experimentelle Untersuchungen zeigen, dass die dynamischen Aspekte des Lenkmanövers im Stillstand dieser Fahrzeugart in den Berechnungen praktisch vernachlässigt werden können.

Die Analyse der Lenkkinematik im Stillstand eines knickgelenkten Radfahrzeuges mit zwei mechanisch gekoppelten Antriebsachsen (Abb. 4.5) zeigt, dass während des Lenkens jedes der Fahrzeugglieder sich um den eigenen Momentanpol dreht, dessen Lage sich mit der Vergrößerung des Knickwinkels von der Achsmitte in Richtung des Außenrades verschiebt. Im Zusammenhang damit sind die absoluten Werte der Versetzungen des Innenrades größer als die des Außenrades. Daraus folgt auch ein größerer absoluter Schlupfwert, denn bekanntlich erlaubt ein konventionelles Differentialgetriebe ein freies Abrollen der Räder nur bei Gleichheit der Wege. Die aus dem Schlupf resultierende tangentiale Einwirkung des Untergrundes auf das Innenrad ruft wiederum eine zahlenmäßig gleiche (bei Vernachlässigung der inneren Widerstände im Differentialgetriebe) und gleich gerichtete tangentiale Reaktion auf das Außenrad hervor, wenn das der Untergrund erlaubt. Das führt zu zusammengesetzten Erscheinungen bei der Berührung der Räder mit dem Untergrund und generell zu einer Vergrößerung der Lenkwiderstände der Knickgelenkmaschine. Eine eingehende Analyse dieses Problems, zusammen mit seiner mathematischen Modellierung, ist in den Arbeiten [21÷22] dargestellt. Beispiele der Schlupfwerte des Innenrades für die angenommenen variablen Parameter des Fahrgestells von knickgelenkten Radfahrzeugen sind in Abb. 4.11 dargestellt.

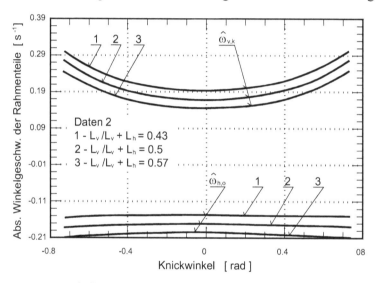

Abb. 4.10. Einfluss der Anordnung des Knickgelenkes auf die absoluten Wendegeschwindigkeiten der Glieder eines knickgelenkten Radfahrzeuges mit Vorderachsantrieb beim Lenken im Stillstand (Model II), Daten 2 wie in Abb. 4.8

In Nutzfahrzeugen werden auch sog. No-Spin-Getribe im Fahrantrieb verwendet (Abb. 4.12) [130].

Diese Ausführung ermöglicht zwangsläufige Antriebsmomente bei voller Differentialwirkung (Abb. 4.13).

Das in der Antriebsachse verwendete No-Spin-Getriebe hat die Aufgabe, die Achse bei Geradeausfahrt zu blockieren und dadurch die Traktionsfähigkeit des Fahrzeugs zu vergrößern, (Abb. 4.14) [51].

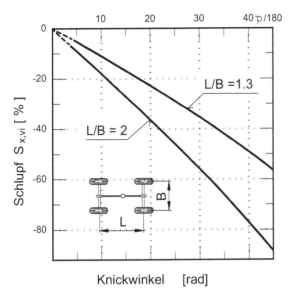

Abb. 4.11. Berechneter Längsschlupf des inneren Rades beim Lenken im Stillstand eines knickgelenkten Fahrzeugs mit zwei Achsen, die mechanisch gekoppelt sind (Modell I)

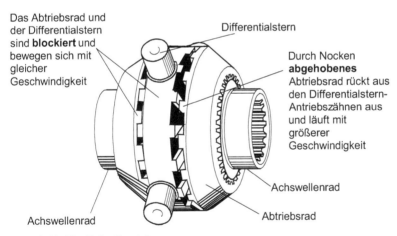

Abb. 4.12. No-Spin Getriebe

Jedes Antriebsrad dieser Antriebsachse mit No-Spin-Getriebe überträgt die sich aus $R \cdot \mu$ ergebene maximale Antriebskraft T_{max} (R – Radbelastung, μ - Kraftschlussbeiwert unter dem Rad), siehe Abb. 4.14. Ist nun z.B. unter Rad i der Kraftschlussbeiwert $\mu_i=0$, so ist die Antriebskraft des Rades i davon nicht abhängig. Das gleiche gilt auch bei unterschiedlichen

Radbelastungen. Darüber hinaus berechnen sich für die Antriebsachse mit No-Spin-Getriebe bei Geradeausfahrt nach Abb. 4.14, 1G die Summe der maximalen Antriebskräfte ΣT_{max} wie folgt

$$\Sigma T_{max} = R_a \cdot \mu_a + R_i \cdot \mu_i. \quad (4.33)$$

Es bezeichnen:
R_a, R_i – Radbelastung (Normalreaktion) des Rades „a" und des Rades „i",
μ_a, μ_i – Kraftschlussbeiwert unter Rad „a" und Rad „i".

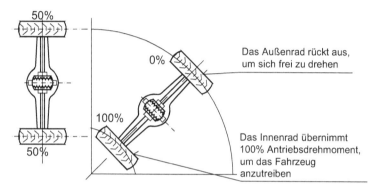

Abb. 4.13. Verteilung der Antriebsmomente eines Radfahrzeugs mit No-Spin Getriebe

Bei Kurvenfahrt soll dieses Getriebe diejenige Halbachse und damit das Rad vom Antrieb abschalten, das durch äußere Einwirkungen (z.B. Abrollwegdifferenz beider Räder der Achse infolge Kurvenfahrt oder Fahrt auf Unebenheiten) eine größere Rollgeschwindigkeit zu erreichen gezwungen wäre, als aus der Antriebsgeschwindigkeit resultiert. In diesem Fall, wenn das äußere Rad vom Antrieb abgeschaltet ist, berechnen sich nach Abb. 4.14 1K die Summe der maximalen Antriebskräfte ΣT_{max} wie folgt

$$\Sigma T_{max} = R_i \cdot \mu_i. \quad (4.34)$$

Für die Antriebsachse mit konventionellem Ausgleichgetriebe (Differential) sind dagegen die übertragbaren Drehmomente vom Reifenkraftschlussbeiwert und/oder der unterschiedlichen Radbelastung abhängig. Grundsätzlich gilt:
Das Rad mit dem kleinsten Kraftschlussbeiwert bestimmt die maximalen Antriebskraft der Antriebsachse, unabhängig davon, dass das gegenüberliegende Rad mit größerem Kraftschlussbeiwert ein größeres Drehmoment übertragen könnte. Für die Antriebsachse mit konventionellem

Differential ist die Summe der maximalen Antriebskräfte ΣT_{max} nahezu von der Fahrtrajektorie (Geradeaus- oder Kurvenfahrt) unabhängig und berechnen sich nach Abb. 4.14 wie folgt

$$\Sigma T_{max} = \frac{1}{1-\lambda} R_i \cdot \mu_i, \tag{4.35}$$

wobei
λ - Aufteilungsfaktor des Differentials, der von der inneren Reibung im Getriebe abhängig ist ($\lambda \geq 0,5$).

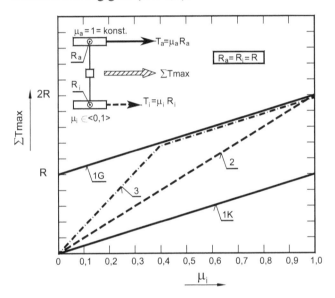

Abb. 4.14. Summe der maximalen Antriebsradkräfte ΣT_{max} Antriebsachse mit verschiedenen Ausgleichsgetrieben und No-Spin-Getriebe in Abhängigkeit vom Kraftschlussbeiwert μ_i des inneren Rades; 1G – Geradeausfahrt mit No-Spin-Getriebe, 1K – Kurvenfahrt mit No-Spin-Getriebe, 2 – Geradeausfahrt und Kurvenfahrt mit Differential ohne Reibung (Aufteilungsfaktor des Differential $\lambda=0,5$), 3 – Geradeausfahrt und Kurvenfahrt mit sog. „Selbstsperrdifferential" (Aufteilungsfaktor des Differential $\lambda=0,7$)

Beim Lenken im Stillstand eines Knickgelenkfahrzeugs mit No-Spin-Getrieben und mit mechanisch gekoppelten Achsen, erfolgt, wie bereits beschrieben, eine erzwungene entgegengerichtete Versetzung der Räder beider Achsen (Abb. 4.15).

Das Rad mit der größeren Versetzungsgeschwindigkeit, also das Innenrad wird dann vom Fahrantrieb abgekoppelt und rollt frei auf dem ganzen Versetzungsweg. Das Außenrad bleibt mit dem Fahrantrieb verbunden und

60   4 Lenkparameter für Radfahrzeuge mit Knick- und Drehschemellenkung

wird bei blockiertem No-Spin-Getriebe gesperrt. Dadurch rutscht es während des Lenkens auf dem Untergrund. Infolge dessen ist die tangentiale Einwirkung des Untergrundes auf dieses Rad annähernd gleich der Haftung des Reifens am Untergrund, theoretisch im ganzen Lenkbereich des knickgelenkten Radfahrzeugs. Das führt zu großen Lenkwiderständen und Belastung der Lenkanlage sowie zur Manövriererschwerung des Radfahrzeugs. Bei Berücksichtigung der realen Lösungen des Fahrantriebes und der Wirkungsweise des No-Spin-Getriebes ist festzustellen, dass beim Lenken bestimmte Parameter eine Verringerung des Lenkwiderstandes bewirken. Es sind Spiel und elastische Verformungen des Fahrantriebes und der Reifen. Einen ungünstigen Einfluss haben die inneren Widerstände der Differentialgetriebe, die das Abschalten der entsprechenden Räder beim Lenken verzögern. Andere Kombinationen bei der Verwendung von Ausgleichgetrieben in den Antriebsachsen von Knickgelenkmaschinen (z.B. in einer Antriebsachse ein konventionelles Differentialgetriebe in der anderen ein No-Spin-Getriebe) führen beim Lenken zu Erscheinungen, die zwischen den beschriebenen liegen.

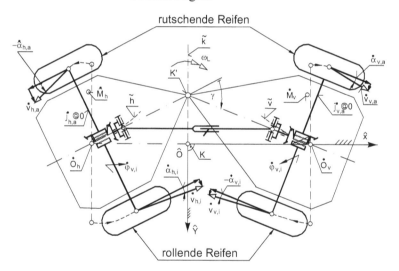

Abb. 4.15. Verteilung der kinematischen Grundgrößen eines knickgelenkten Radfahrzeugs beim Lenken im Stillstand mit zwei No-Spin-Getrieben, die mechanisch einander gekoppelt sind

Es ist also zu betonen, dass die Analysen und Untersuchungen [31, 50], der Anwendung von No-Spin-Getrieben in knickgelenkten Fahrzeugen die Vorteile dieser Getriebe im Vergleich zu konventionellen Differentialgetrieben bei Geradeausfahrt bestätigt haben. Andererseits wurde jedoch festgestellt, dass während des Lenkens im Stand bei mechanisch gekoppelten Antriebsachsen eine wesentliche Vergrößerung des Radschlupfs und dadurch der Lenkwiderstände sowie eine Verschlechterung der Manövrierfähigkeit eintritt. Diese ungünstigen Erscheinungen können durch Abkoppeln der Achsen während des Lenkvorgangs beseitigt werden. Das kann manuell durchgeführt werden, günstiger ist aber die Verwendung eines automatischen Systems, das die Achsen im Augenblick des Abschaltens des Fahrantriebes abkoppelt. Eine patentierte mechatronische Anlage ist in Abb. 4.16 dargestellt [35].

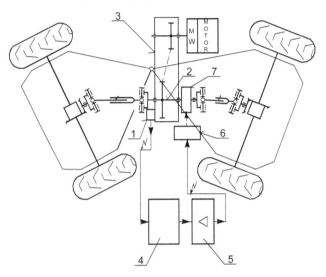

Abb. 4.16. System zur automatischen Abschaltung der Antriebsachsen eines knickgelenkten Radfahrzeugs während des Lenkens im Stillstand, MW – Momentwandler, 1 – Drehzahlfühler, 2 – Getriebe-Ausgangswelle, 3 – Getriebe, 4- Drehzahlgeber, 5 – Verstärker, 6 – Elektroventil, 7 – ausrückbare Kupplung (Schaltkupplung)

4.2 Lenkwiderstände

Die Kenntnis des Lenkwiderstandsmomentes M_W eines knickgelenkten Radfahrzeuges ist von besonderer Bedeutung für das Bemessen der Lenkanlage. Vom Lenkantrieb muss ein Lenkmoment M_L aufgebracht werden, das die Widerstände überwindet. Die größten Widerstände treten auf beim Lenken des Fahrzeugs im Stand. Das vom Lenkgetriebe des Knickgelenkfahrzeugs entwickelte Lenkmoment M_L wird ausgeglichen durch:

M_R – Lenkwiderstandsmoment, das aus den in der Berührungsfläche der Reifen mit dem Untergrund generierter Belastungen resultiert,

M_I – Widerstandsmoment, als Ergebnis von Massenkräften,
M_K – Widerstandsmoment im Knickgelenk.

Entsprechend Abb. 4.7 kann das Lenkmoment eines Knickgelenkfahrzeugs beim Lenken im Uhrzeigersinn in folgender Formel dargestellt werden

$$M_{L,I} = \eta_L \cdot \frac{\pi \cdot D^2}{4} \cdot (p_t - p_z) \cdot \left[h_a(\gamma) + \frac{D^2 - d_s^2}{D^2} \cdot h_i(\gamma) \right] = \\ = S_{La,I} \cdot h_{E,I}(\gamma) \geq (M_R + M_I + M_K) = M_W. \quad (4.36)$$

Dagegen wird das sog. Dispositionsmoment definiert:

$$DM = M_L \Big|_{\substack{p_{t,max} \\ -\gamma_{max} \leq \gamma \leq \gamma_{max}}}. \quad (4.37)$$

Es bezeichnen:
η_L – Gesamtwirkungsrad der Hydrauliklenkzylinder, p_t, p_z – Betriebs- und Abflussdruck der Hydraulikflüssigkeit in Hydrauliklenkzylinder, $h_{E,I}$ – äquivalenter Hebelarm der Wirkungslinie der Lenkkraft bei Lenkung im Uhrzeigersinn.

Die Hebelarme $h_a(\gamma)$ und $h_i(\gamma)$ der angreifenden Hydrauliklenkzylinder berechnen sich nach Abb. 4.7 wie folgt

$$h_a(\gamma) = \frac{|c \cdot (b \cdot \sin\gamma - a \cdot \cos\gamma) - d \cdot (b \cdot \cos\gamma + a \cdot \sin\gamma)|}{\sqrt{(c \cdot \sin\gamma - a \cdot \cos\gamma + d)^2 + (a \cdot \sin\gamma + b \cdot \cos\gamma + c)^2}}. \quad (4.38)$$

Der Hebelarm auf der Innenseite beträgt

$$h_i(\gamma) = \frac{|c \cdot (b \cdot \sin\gamma - a \cdot \cos\gamma) + d \cdot (b \cdot \cos\gamma - a \cdot \sin\gamma)|}{\sqrt{(d - b \cdot \sin\gamma - a \cdot \cos\gamma)^2 + (b \cdot \cos\gamma - a \cdot \sin\gamma + c)^2}}. \quad (4.39)$$

Wie schon in Punkt 4.1 gezeigt wurde, ist der Lenkvorgang eines Knickgelenkfahrzeugs im Stand quasistatisch. In den Erwägungen kann man infolge dessen die Komponente M_I des gesamten Lenkwiderstands M_W der Maschine vernachlässigen. Damit auch bei extremen Betriebsbedingungen gelenkt werden kann, muss das maximale im Lenkgetriebe zu generierende Lenkmoment (sog. Dispositionslenkmoment) größer als die Summe der Lenkwiederstände M_W des Fahrzeugs in ihrem ganzen Lenkbereich sein, siehe Abb. 4.17).

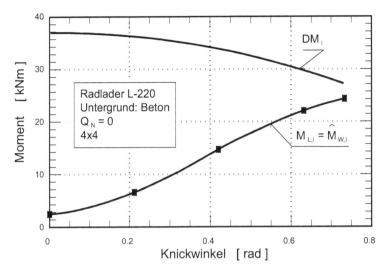

Abb. 4.17. Abhängigkeit des verfügbaren Lenkmoments DM_I eines Radladers, sowie des summarischen Lenkwiderstands $\hat{M}_{W,I}$ vom Knickwinkel γ beim Lenken im Uhrzeigersinn, (Daten 2, Abb. 4.18)

Das verfügbare Lenkmoment (sog. Dispositionslenkmoment) wurde aus der Abhängigkeit 4.33 mit der Annahme berechnet, dass über den gesamten Lenkbereich im Lenksystem der Maschine der maximale Druck ($p_t = p_{t,max}$), (begrenzt vom Überdruckventil) herrscht. Beispiele für den Verlauf der Dispositionsmomente für verschiedene Parameter des Lenkgetriebes sind in Abb. 4.16 dargestellt.

In der Fachliteratur mangelt es an detaillierten Analysen sowie an genauen Formeln, die das Berechnen der Lenkwiderstände der zu konstruierenden Knickgelenkmaschine ermöglichen. Aus diesem Grund benutzt die Mehrzahl der Hersteller von Knickgelenkfahrzeugen die einfache empirische Formel z.B. [154], mit der die fertig konstruierte Lenkanlage überprüft wird. Kriterium der richtigen Wahl ist der K_D – Wert, berechnet aus der Abhängigkeit

$$K_D = \frac{DM_{|\gamma=0}}{0{,}5 \cdot (G_M + Q_N)}. \qquad (4.40)$$

Es bezeichnen:
$DM_{|\gamma=0}$ –Dispositionsmoment der Knicklenkanlage für Knickwinkel der Maschine $\gamma = 0$, G_M – Gewicht der Maschine, Q_N – Nutzlast der Maschine.

Der berechnete K_D – Wert soll nach [157] den Wert haben

$$0{,}35 \leq K_D \leq 0{,}8\ . \tag{4.41}$$

Mit dieser Gleichung wird der physikalische Sachverhalt nicht beschrieben. Ein Vorteil der Formel (4.40) ist ihre Einfachheit, obwohl heute in Anbetracht der Verbreitung der Computertechnik solche Rücksichten die Aktualität verloren haben. Wegen der großen Streuung des Koeffizienten K_D sowie des Fehlens von Erläuterungen hat der Konstrukteur, selbst wenn er die Komplexität des Problems versteht, keine eindeutige Auswahl-Methode für das von ihm für bestimmte Betriebsbedingungen konstruierteFahrzeug.

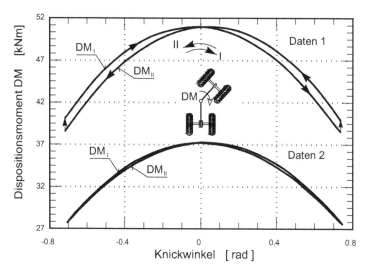

Abb. 4.18. Einfluss der Anordnung der Hydrauliklenkzylinder auf das verfügbare Lenkmoment im ganzen Manöverbereich knickgelenkter Radfahrzeuge.
Beispieldaten: Daten 1: a =0,09m; b = 1,4m; c = 0; d = 0,4 m; D = 0,1 m; d_s = 0,05 m; η_l = 0,95; $p_{t,max}$ = 100·10² kN/m^2; p_z = 0; Daten 2: (L220): a = 0,218m; b=0,99 m; c = 0; d = 0,288 m; D = 0,1 m; d_s = 0,05m; η_L = 0,95; $p_{t,max}$=100·10²kN/m^2; p_z =0

Um den Lenkwiderstandsverlauf eines knickgelenkten Radfahrzeuges genau zu klären, wurden Untersuchungen am mit konventionellen Differentialgetrieben ausgerüsteten Knickradlader durchgeführt. Das Schema des Nutzfahrzeugs samt Mess- und Registrierprinzipien der physikalischen Größen ist in Abb. 4.19 dargestellt.

Die Ergebnisse der Untersuchungen zeigen eindeutig, dass einen sehr wesentlichen Einfluss auf den Lenkwiderstand eines Knickgelenkfahrzeugs im Stand die Kopplungsart der Achsen mit dem Fahrantrieb des Fahrzeugs hat (Abb. 4.20 und 4.21).

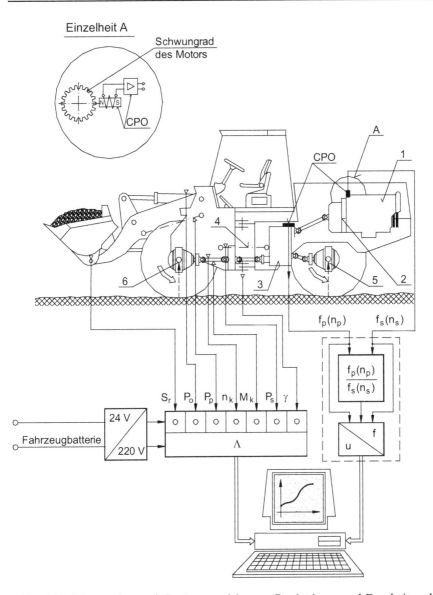

Abb. 4.19. Messpunkte und Geräte zum Messen, Registrieren und Bearbeiten der Untersuchungsergebnisse des Knickradladers L-220;
CPO-Drehzahl-Impulsgeber, 1-Dieselmotor, 2-Drehmomentwandler, 3-Power-Shift-Getriebe, 4-Hydrauliklenkzylinder, 5,6-Geber zum Messen der radialen Reifendeformation

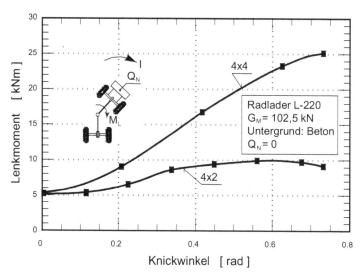

Abb. 4.20. Einfluss der Kopplungsart der Achsen mit dem Fahrantrieb auf das Lenkwiderstandsmoment M_L im Stand eines Knickladers auf Beton

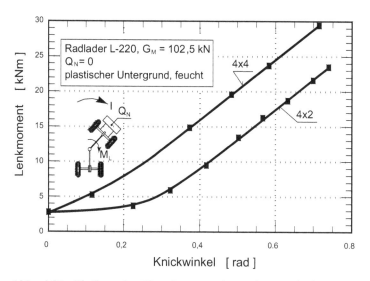

Abb. 4.21. Einfluss der Kopplungsart der Achsen mit dem Fahrantrieb auf das Lenkwiderstandsmoment M_L des Knickladers im Stand auf plastischem, feuchtem Untergrund

Die Lenkwiderstände des knickgelenkten Nutzfahrzeugs mit zwei gekoppelten Antriebsachsen (4x4 - Variante I) sind bedeutend größer als die Lenkwiderstände des gleichen Fahrzeugs mit einer abgekoppelten Achse (4x2 – Variante II). Bei einem Betonuntergrund unterscheiden sich die

Werte der Lenkwiderstände bei maximalem Knickwinkel sogar mehrfach. Im Fall eines verformbaren Untergrundes sind die Unterschiede nicht mehr so groß. Dies ist mit Erscheinungen in der Berührungsfläche der Räder mit dem Untergrund verbunden. Beim Lenken des Fahrzeugs auf starrem Untergrund, insbesondere mit großem Haftkoeffizient, werden in der Berührungsfläche der Räder tangentiale Kräfte generiert, die durch den Schlupf der Räder und durch die steife Verbindung der Achsen mit den Antriebwellen verursacht werden. Diese Kräfte können beträchtliche Werte erreichen, und haben natürlich einen unmittelbaren Einfluss auf das Gesamt-Lenkwiderstandsmoment des Fahrzeugs. Die Abkopplung einer der Achsen hat zur Folge, dass die Räder praktisch ohne Längsschlupf abrollen. Im Fall eines verformbaren Untergrundes erreichen die durch die starre Verbindung verursachten Tangentialkräfte beträchtlich kleinere Werte als auf Beton, was durch die Charakteristik des Zusammenwirkens Rad-Boden verursacht wird. Der Widerstand des Fahrzeugs, hervorgerufen durch das Zerdrücken der Radspur durch die Räder, hat einen zusätzlichen beträchtlichen Einfluss auf den Lenkwiderstand, ebenso wie die erheblichen Rollwiderstände. Deshalb hat in diesem Fall die Abkopplung einer Antriebsachse eine kleinere Verminderung der Lenkwiderstände des Fahrzeugs im Vergleich zu einer Lenkung auf Beton zur Folge. Ein Beispiel der Messergebnisse der inneren Spannungen in der Antriebswelle, die die Antriebsachsen verbindet und die während einer Lenkung im Stand auf verschiedenen Untergründen registriert wurden, ist in Abb. 4.22 dargestellt.

Wie aus Abb. 4.22 hervorgeht, verringert sich das innere Spannungsmoment der Welle mit Vergrößerung der Nutzlast Q_N in der Schaufel des Laders, was durch die Entlastung der Hinterräder der Maschine hervorgerufen wird. Der Einfluss der Nutzlast Q_N in der Schaufel des Laders auf den Lenkwiderstand des Nutzfahrzeugs ist in Abb. 4.23 und 4.24 dargestellt.

Die Lenkwiderstände eines Laders im Stand auf Beton mit einer Nutzlast von Q_N=26 kN in der Schaufel und mit dem Ausleger in Transportstellung sind kleiner als bei der Maschine ohne Nutzbelastung. Diese Tatsache ist das Ergebnis der Entlastung der Hinterräder des Laders und, damit verbunden, einer Verringerung der inneren Spannung der Antriebswelle, die den Schlupf der Räder der Maschine generiert. Für einen verformbaren Untergrund findet ein ähnlicher Vorgang statt. Aber in diesem Fall ist, wie schon erwähnt wurde, eine wesentliche Komponente der Lenkwiderstände der Widerstand, der durch das Zerdrücken der Radspuren und durch den beträchtlichen Rollwiderstand im verformbaren Untergrund verursacht wird.

68 4 Lenkparameter für Radfahrzeuge mit Knick- und Drehschemellenkung

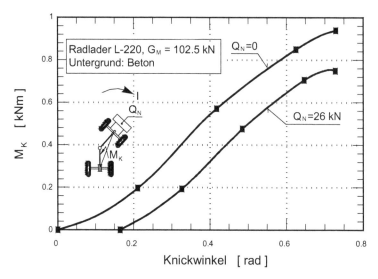

Abb. 4.22. Abhängigkeit des inneren Spannungsmomentes M_K der Antriebswelle vom Knickwinkel γ sowie von der Nutzlast Q_N in der Schaufel des Knickladers während des Lenkens im Stand auf Beton

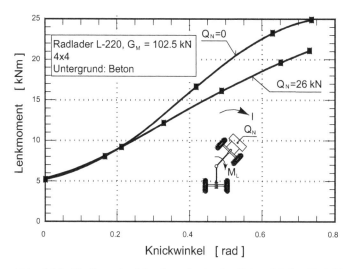

Abb. 4.23. Einfluss der Nutzlast Q_N in der Schaufel des Knickladers mit zwei gekoppelten Antriebsachsen mit Fahrantrieb (4x4) auf das Lenkwiderstandsmoment M_L auf Beton

Die Vergrößerung der Nutzlast in der Schaufel ruft zwar eine Entlastung der Hinterräder hervor, aber sie verursacht gleichzeitig eine vergrößerte Belastung der Vorderräder und die damit verbundene Vertiefung der Spuren unter diesen Rädern. Alles in allem wachsen die Gesamt-Lenkwiderstände eines Knickladers auf verformbarem Untergrund mit der Vergrößerung der Nutzlast in der Schaufel (Abb. 4.24). Aus den Ergebnissen der durchgeführten Forschungsarbeiten resultieren folgende Berechnungsmöglichkeiten der Lenkwiderstände von Knickgelenkfahrzeugen:

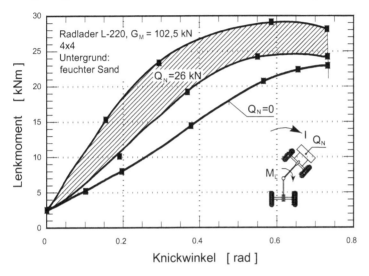

Abb. 4.24. Einfluss der Nutzlast Q_N in der Schaufel des Knickladers mit zwei gekoppelten Antriebsachsen mit Fahrantrieb (4x4) auf das Lenkwiderstandsmoment M_L auf sandigem Untergrund

— Das rechnerische Lenkwiderstandsmoment von auf unverformbarem oder schwach verformbarem Untergrund arbeitenden Knickgelenkfahrzeuge ist beim Lenken dieser Fahrzeuge im Stand mit zwei gekoppelten Antriebsachsen (4x4) und mit solchen Belastungen des Fahrzeugs, die eine gleichmäßige oder annähernd gleichmäßige Verteilung der Normalreaktionen auf den Rädern verursachen, zu bestimmen. Die letzte Bedingung ist für einen Schaufellader erfüllt, wenn die Nutzlast in der Schaufel $Q_N = 0$ beträgt.
— Das rechnerische Lenkwiderstandsmoment auf nachgiebigem Untergrund arbeitender Knickgelenkfahrzeuge, wo die Lenkanlage durch Änderung der Fahrtrichtung oft bei der Befreiung aus tiefen Fahrspuren Hilfe leistet, sollte zusätzlich dem Zusammenwirken der Räder mit dem Untergrund Rechnung tragen. Da in Hinsicht auf den in diesen Bedingungen sehr komplexen Charakter des Lenkvorgangs zur Zeit noch genaue mathematische Modelle fehlen, die die Zusammenarbeit der Räder mit dem Untergrund beschreiben, kann man das Lenkwiderstandsmo-

ment für die obigen Bedingungen bestimmen, indem man das für starren Untergrund bestimmte Lenkwiderstandsmoment mit einem experimentell bestimmten Korrekturkoeffizienten $k_W>1$ multipliziert.

Das Nominal-Lenkwiderstandsmoment eines Knickgelenkfahrzeugs mit zwei gekoppelten Achsen (Variante I) wird gegen Abb. 4.5 unter Benutzung des Prinzips der virtuellen Arbeiten von Lagrange-D'Alambert bestimmt

$$\hat{M}_{W,N} = \frac{k_W}{\eta_K \cdot U_w} \cdot \left\{ L_v \cdot \left(\hat{F}_{x,va}^{(s)} + \hat{F}_{x,vi}^{(s)} \right) \cdot tg\hat{\gamma}_v + \hat{M}_{z,va} + \hat{M}_{z,vi} + \right.$$
$$+ 0,5 \, B \left(\hat{F}_{x,va}^{(o)} + \hat{F}_{x,vi}^{(o)} \right) + L_v \cdot (\sin\gamma - \cos\gamma \cdot tg\hat{\gamma}_v) \cdot$$
$$\cdot \left(\hat{F}_{x,ho}^{(s)} + \hat{F}_{x,hi}^{(s)} \right) + \frac{L_v}{L_h} \cdot (\cos\gamma + \sin\gamma \, tg\hat{\gamma}_v) \cdot$$
$$\left. \cdot \left[\hat{M}_{z,ha} + \hat{M}_{z,hi} + 0,5 \, B \left(\hat{F}_{x,ho}^{(o)} + \hat{F}_{x,hi}^{(o)} \right) \right] \right\},$$
(4.42)

wobei

$$U_W = 1 + \frac{L_v}{L_h} \cdot (\cos\gamma + \sin\gamma \cdot tg\hat{\gamma}_v) .$$
(4.43)

Es bezeichnen:

η_K – Wirkungsgrad des Knickgelenkes mit Berücksichtigung der Reibungsverluste und der aus der Dehnung der hydraulischen Schlauchleitungen resultierenden Verluste,

$\hat{F}_{x,va}^{(s)}, \hat{F}_{x,vi}^{(s)}, \hat{F}_{x,ha}^{(s)}, \hat{F}_{x,hi}^{(s)}$ - Widerstandskomponenten der Versetzung der Räder mit Schlupf, die aus der Phase der Translationsbewegung der Fahrzeugglieder mit zwei gekoppelten Achsen beim Lenkvorgang im Stand resultieren,

$\hat{F}_{x,va}^{(o)}, \hat{F}_{x,vi}^{(o)}, \hat{F}_{x,ha}^{(o)}, \hat{F}_{x,hi}^{(o)}$ - Widerstandskomponenten der Versetzung der Räder (ohne Schlupf), die aus der Phase der Drehbewegung der Fahrzeugglieder mit zwei gekoppelten Achsen beim Lenkvorgang im Stand resultieren,

$\hat{M}_{z,va}, \hat{M}_{z,vi}, \hat{M}_{z,ha}, \hat{M}_{z,hi}$,- Rückstellmomente der Reifen eines Fahrzeugs mit zwei gekoppelten Achsen infolge geometrisch erzwungenen Kurvenlaufs,

L_v, L_h – Abstände des Knickgelenks von der vorderen und hinteren Achse des knickgelenkten Fahrzeugs.

4.2 Lenkwiderstände

Für die umfassende Berechnungen des Nominal-Lenkwiderstandsmomentes $\hat{M}_{W,N}$ sind folgende Hilfsberechnungen erforderlich:

- Berechnung der Normalreaktionen der Räder (Radbelastungen) des knickgelenkten Fahrzeugs (Abb. 4.23) [121]

$$\sum R_h = \frac{G_h \cdot [(L_h - x_h) \cdot \cos\gamma + L_v] - G_v \cdot x_v - Q_N \cdot x_N}{L_v + L_h \cdot \cos\gamma}, \qquad (4.44)$$

$$R_{ha} = R_{hi} = \frac{\sum R_h}{2}, \qquad (4.45)$$

$$\overset{*}{A} = \frac{G_v + G_h + Q_N}{2}, \qquad (4.46)$$

$$BE = \frac{L_h \cdot \sin\gamma}{B}, \qquad (4.47)$$

$$\overset{*}{C} = \frac{G_h \cdot [(L_h - x_h) \cdot \sin\gamma]}{B}, \qquad (4.48)$$

$$R_{vi} = \overset{*}{A} - \sum R_h \cdot (0{,}5 + BE) + \overset{*}{C}, \qquad (4.49)$$

$$R_{va} = \overset{*}{A} - \sum R_h \cdot (0{,}5 - BE) - \overset{*}{C}. \qquad (4.50)$$

Es bezeichnen:
G_v, G_h – Eigengewichte des vorderen und hinteren Gliedes einer knickgelenkten Maschine, Q_N – Nutzlast des Nutzfahrzeugs, x_v, x_h, x_N – Schwerpunktkoordinaten der Fahrzeugglieder und der Nutzlast, B – Spurbreite des Fahrzeugs.

In Abb. 4.25 sind die Normalreaktionen der Räder der knickgelenkten Maschine in einer Beispielrechnung dargestellt.

- Berechnung der radialen Verformungen der Reifen des Fahrzeugs [95]

$$\delta_{z,va} = 0{,}67 \cdot H_o \cdot \left[\frac{(p_w + p_o)}{R_{va}} \cdot D_a \cdot B_o\right]^{-0{,}8}, \qquad (4.51)$$

4 Lenkparameter für Radfahrzeuge mit Knick- und Drehschemellenkung

$$\delta_{z,vi} = 0{,}67 \cdot H_o \cdot \left[\frac{(p_w + p_o)}{R_{vi}} \cdot D_a \cdot B_o \right]^{-0{,}8}, \quad (4.52)$$

$$\delta_{z,ha} = 0{,}67 \cdot H_o \cdot \left[\frac{(p_w + p_o)}{R_{ha}} \cdot D_a \cdot B_o \right]^{-0{,}8}, \quad (4.53)$$

$$\delta_{z,hi} = 0{,}67 \cdot H_o \cdot \left[\frac{(p_w + p_o)}{R_{hi}} \cdot D_a \cdot B_o \right]^{-0{,}8}. \quad (4.54)$$

Es bezeichnen:
B_0 – Reifenbreite, D_a – Außendurchmesser des Reifens, H_0 – Querschnittshöhe des Reifens, p_0 – Druckerhöhung durch Steifigkeit der Reifenkarkasse, p_w – Reifeninnendruck.

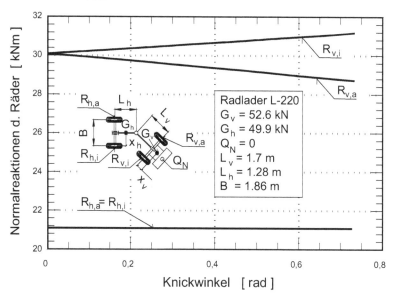

Abb. 4.25. Normalreaktionen der Räder in Abhängigkeit vom Knickwinkel am Beispiel des knickgelenkten Radladers mit pendelnder Hinterachse

- Berechnung der dynamischen Radien der Reifen des Fahrzeugs

$$r_{va} = 0{,}5 \cdot D_a - \delta_{z,va}, \quad (4.55)$$

$$r_{vi} = 0{,}5 \cdot D_a - \delta_{z,vi}, \qquad (4.56)$$

$$r_{ha} = 0{,}5 \cdot D_a - \delta_{z,ha}, \qquad (4.57)$$

$$r_{hi} = 0{,}5 \cdot D_a - \delta_{z,hi}. \qquad (4.58)$$

- Berechnung der Spurenlänge der Abdrücke der Reifen auf steifem Untergrund [19]

$$L_{va} = 2 \cdot \sqrt{D_a \cdot \delta_{z,va} - \delta_{z,va}^2}, \qquad (4.59)$$

$$L_{vi} = 2 \cdot \sqrt{D_a \cdot \delta_{z,vi} - \delta_{z,vi}^2}, \qquad (4.60)$$

$$L_{ha} = 2 \cdot \sqrt{D_a \cdot \delta_{z,ha} - \delta_{z,ha}^2}, \qquad (4.61)$$

$$L_{hi} = 2 \cdot \sqrt{D_a \cdot \delta_{z,hi} - \delta_{z,hi}^2}. \qquad (4.62)$$

- Berechnung der Spurenbreite der Abdrücke der Reifen auf steifem Untergrund [19]

$$b_{va} = 2 \cdot \sqrt{B_o \cdot \delta_{z,va} - \delta_{z,va}^2}, \qquad (4.63)$$

$$b_{vi} = 2 \cdot \sqrt{B_o \cdot \delta_{z,vi} - \delta_{z,vi}^2}, \qquad (4.64)$$

$$b_{ha} = 2 \cdot \sqrt{B_o \cdot \delta_{z,ha} - \delta_{z,ha}^2}, \qquad (4.65)$$

$$b_{hi} = 2 \cdot \sqrt{B_o \cdot \delta_{z,hi} - \delta_{z,hi}^2}. \qquad (4.66)$$

- Berechnung der Berührungsfläche der Abdrücke der Reifen auf steifem Untergrund

$$A_{va} = k_o \cdot L_{va} \cdot b_{va}, \qquad (4.67)$$

$$A_{vi} = k_o \cdot L_{vi} \cdot b_{vi}, \qquad (4.68)$$

$$A_{ha} = k_o \cdot L_{ha} \cdot b_{ha}, \qquad (4.69)$$

$$A_{hi} = k_o \cdot L_{hi} \cdot b_{hi}, \qquad (4.70)$$

wobei
k_0 – Korrekturkoeffizient der berechneten Berührungsfläche des Reifens mit steifem Untergrund.

- Berechnung der maximalen Einheitsdrücke unter den Reifen des Fahrzeugs [73]

$$\sigma_{va} = 1{,}5 \cdot \frac{R_{va}}{A_{va}}, \qquad (4.71)$$

$$\sigma_{vi} = 1{,}5 \cdot \frac{R_{vi}}{A_{vi}}, \qquad (4.72)$$

$$\sigma_{ha} = 1{,}5 \cdot \frac{R_{ha}}{A_{ha}}, \qquad (4.73)$$

$$\sigma_{vi} = 1{,}5 \cdot \frac{R_{hi}}{A_{hi}}. \qquad (4.74)$$

- Berechnung der Laufflächensteifigkeit der Reifen des Fahrzeugs [73]

$$c_{va} = \frac{G \cdot b_{va} \cdot (1 - k_n)}{d_b}, \qquad (4.75)$$

$$c_{vi} = \frac{G \cdot b_{vi} \cdot (1 - k_n)}{d_b}, \qquad (4.76)$$

$$c_{ha} = \frac{G \cdot b_{ha} \cdot (1 - k_n)}{d_b}, \qquad (4.77)$$

$$c_{hi} = \frac{G \cdot b_{hi} \cdot (1 - k_n)}{d_b}. \qquad (4.78)$$

Es bezeichnen:

d_b – Protektorstärke, G – Gleitmodul des Protektorgummis, k_n – Korrekturkoeffizient, der die Zahl der Längsrillen im Protektor in der berechneten Berührungsfläche des Reifens bei steifem Untergrund berücksichtig.

- Berechnung der parametrischen Gleichungen der Momentanpole der Glieder eines knickgelenkten Fahrzeugs im Verhältnis zum Untergrund (Abb. 4.5):
  – vorderes Glied

$$HA = \sqrt{(L_h + L_h)^2 + 4 \cdot L_v \cdot L_h \cdot tg^2 \gamma} \,, \qquad (4.79)$$

$$\hat{\gamma}_v = \text{arc tg} \frac{4 \cdot HA - (L_v + L_h)}{2 \cdot L_v \cdot tg^2 \gamma} \,, \qquad (4.80)$$

$$\hat{\gamma}_h = \gamma - \hat{\gamma}_v$$

$$X_{\hat{M}_v} = \frac{L_v}{\cos^2 \hat{\gamma}_v} \,, \qquad (4.81)$$

$$Y_{\hat{M}_v} = -L_v \cdot tg\hat{\gamma} \,, \qquad (4.82)$$

  – hinteres Glied

$$X_{\hat{M}_h} = \frac{L_h}{\cos^2 \hat{\gamma}_h} \,, \qquad (4.83)$$

$$Y_{\hat{M}_h} = -L_h \cdot tg\hat{\gamma}_h \,. \qquad (4.84)$$

- Berechnung der parametrischen Gleichungen der Rädermitten eines knickgelenkten Fahrzeugs (Abb. 4.5):
  – äußeres Vorderrad

$$X_{0va} = L_v \cdot \cos\hat{\gamma}_v + 0{,}5 \cdot B \cdot \sin\hat{\gamma}_v \,, \qquad (4.85)$$

$$Y_{0va} = -[0{,}5 \cdot B \cdot \cos\hat{\gamma}_v + (L_v \cdot tg\hat{\gamma}_v - L_v \cdot \sin\hat{\gamma}_v)] \,, \qquad (4.86)$$

  – inneres Vorderrad

$$X_{0vi} = L_v \cdot \cos\hat{\gamma}_v - 0{,}5 \cdot B \cdot \sin\hat{\gamma}_v \,, \qquad (4.87)$$

76 4 Lenkparameter für Radfahrzeuge mit Knick- und Drehschemellenkung

$$Y_{0vi} = 0{,}5 \cdot B \cdot \cos\hat{\gamma}_v - (L_v \cdot tg\hat{\gamma}_v - L_v \cdot \sin\hat{\gamma}_v), \tag{4.88}$$

– äußeres Hinterrad

$$X_{0ha} = -(L_h \cdot \cos\hat{\gamma}_h - 0{,}5 \cdot B \cdot \sin\hat{\gamma}_h), \tag{4.89}$$

$$Y_{0ha} = -[0{,}5 \cdot B \cdot \cos\hat{\gamma}_h + (L_h \cdot tg\hat{\gamma}_h - L_h \cdot \sin\hat{\gamma}_h)], \tag{4.90}$$

– inneres Hinterrad

$$X_{0hi} = -(L_h \cdot \cos\hat{\gamma}_h - 0{,}5 \cdot B \cdot \sin\hat{\gamma}_h), \tag{4.91}$$

$$Y_{0hi} = [0{,}5 \cdot B \cdot \cos\hat{\gamma}_h - (L_h \cdot tg\hat{\gamma}_h - L_h \cdot \sin\hat{\gamma}_h)]. \tag{4.92}$$

- Berechnung der Wenderadien der Räder eines knickgelenkten Fahrzeugs (Abb. 4.5)

$$\hat{\rho}_{va} = \sqrt{(X_{0va} - X_{\hat{M}_v})^2 + (Y_{\hat{M}_v} - Y_{0va})^2}, \tag{4.93}$$

$$\hat{\rho}_{vi} = \sqrt{(X_{\hat{M}_v} - X_{0vi})^2 + (Y_{0vi} - Y_{\hat{M}_v})^2}, \tag{4.94}$$

$$\hat{\rho}_{ha} = \sqrt{(X_{0ha} - X_{\hat{M}_h})^2 + (Y_{\hat{M}_h} - Y_{0ha})^2}, \tag{4.95}$$

$$\hat{\rho}_{hi} = \sqrt{(X_{0hi} - X_{\hat{M}_h})^2 + (Y_{0hi} - Y_{\hat{M}_h})^2}, \tag{4.96}$$

- Berechnung der Lenkmomente der Reifen infolge geometrisch erzwungenen Kurvenlaufes [73]

$$\hat{M}_{z,va} = \frac{c_{va} \cdot L_{va}^2 \cdot b_{va}^2}{48 \cdot \hat{\rho}_{va}} \cdot \left(1 - \frac{c_{va} \cdot L_{va}}{16 \cdot \mu' \cdot \sigma_{va} \cdot \hat{\rho}_{va}} + \frac{c_{va}^2 \cdot L_{va}^2}{768 \cdot \mu'^2 \cdot \sigma_{va}^2 \cdot \hat{\rho}_{va}^2}\right), \tag{4.97}$$

$$\hat{M}_{z,vi} = \frac{c_{vi} \cdot L_{vi}^2 \cdot b_{vi}^2}{48 \cdot \hat{\rho}_{vi}} \cdot \left(1 - \frac{c_{vi} \cdot L_{vi}}{16 \cdot \mu' \cdot \sigma_{vi} \cdot \hat{\rho}_{vi}} + \frac{c_{vi}^2 \cdot L_{vi}^2}{768 \cdot \mu'^2 \cdot \sigma_{vi}^2 \cdot \hat{\rho}_{vi}^2}\right), \tag{4.98}$$

$$\hat{M}_{z,ha} = \frac{c_{ha} \cdot L_{ha}^2 \cdot b_{ha}^2}{48 \cdot \hat{\rho}_{ha}} \cdot \left(1 - \frac{c_{ha} \cdot L_{ha}}{16 \cdot \mu' \cdot \sigma_{ha} \cdot \hat{\rho}_{ha}} + \frac{c_{ha}^2 \cdot L_{ha}^2}{768 \cdot \mu'^2 \cdot \sigma_{ha}^2 \cdot \hat{\rho}_{ha}^2}\right), \tag{4.99}$$

$$\hat{M}_{z,hi} = \frac{c_{hi} \cdot L_{hi}^2 \cdot b_{hi}^2}{48 \cdot \hat{\rho}_{hi}} \cdot \left(1 - \frac{c_{hi} \cdot L_{hi}}{16 \cdot \mu' \cdot \sigma_{hi} \cdot \hat{\rho}_{hi}} + \frac{c_{hi}^2 \cdot L_{hi}^2}{768 \cdot \mu'^2 \cdot \sigma_{hi}^2 \cdot \hat{\rho}_{hi}^2}\right). \quad (4.100)$$

wobei
μ' – Lenkungs-Reibungszahl im Stillstand.

In Abb. 4.26 sind die Lenkwiderstandmomente der Räder des knickgelenkten Fahrzeugs in einer Beispielrechnung dargestellt.

- Berechnung der Längsreaktionen (Rollwiderstände) der Räder, die aus der Phase der Drehbewegungen der Glieder eines knickgelenkten Fahrzeugs resultieren

$$\hat{F}_{x,va}^{(o)} = k_t \cdot f_t \cdot R_{va}, \quad (4.101)$$

$$\hat{F}_{x,vi}^{(o)} = k_t \cdot f_t \cdot R_{vi}, \quad (4.102)$$

$$\hat{F}_{x,ha}^{(o)} = k_t \cdot f_t \cdot R_{ha}, \quad (4.103)$$

$$\hat{F}_{x,hi}^{(o)} = k_t \cdot f_t \cdot R_{hi}, \quad (4.104)$$

wobei
k_t – Korrekturkoeffizient des Rad-Rollwiderstandes, der dessen Schräglauf berücksichtigt ($k_t>1$).

- Berechnung der Längsreaktionen der Räder, die aus der Phase der Translationsbewegungen der Glieder eines knickgelenkten Fahrzeug resultieren

$$\hat{F}_{x,va}^{(s)} = \mu_x \cdot R_{va}, \quad (4.105)$$

$$\hat{F}_{x,vi}^{(s)} = \mu_x \cdot R_{vi}, \quad (4.106)$$

$$\hat{F}_{x,ha}^{(s)} = \mu_x \cdot R_{ha}, \quad (4.107)$$

$$\hat{F}_{x,hi}^{(s)} = \mu_x \cdot R_{hi}, \quad (4.108)$$

wobei
μ_x – Längskraftschlussbeiwert des Rades.

78 4 Lenkparameter für Radfahrzeuge mit Knick- und Drehschemellenkung

Das Nominal-Lenkwiderstandsmoment eines knickgelenkten Radfahrzeugs nur z.B. mit Vorderachsantrieb (Variante II, s. Abb. 4.2) wird nach Abb. 4.6 unter Benutzung des Prinzips der virtuellen Arbeiten von Lagrange-D'Alembert bestimmt

$$M_{W,N} = \frac{k_W}{\eta_K} \cdot \left(1 + \frac{L_v}{L_h} \cdot \cos\gamma\right)^{-1} \cdot \left\{0,5\,B \cdot \left(F_{x,va}^{(o)} + F_{x,vi}^{(o)}\right) + M_{z,va} + \right.$$
$$+ M_{z,vi} + L_v \cdot \sin\gamma \left(F_{x,ha}^{(s)} + F_{x,hi}^{(s)}\right) + \frac{L_v}{L_h} \cdot \cos\gamma \left[M_{z,ha} + M_{z,hi} + \right.$$
$$\left.\left. + 0,5 \cdot \left(F_{x,ha}^{(o)} + F_{x,hi}^{(o)}\right)\right]\right\}. \tag{4.109}$$

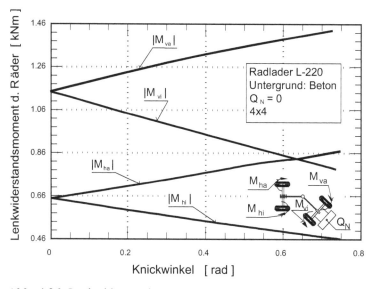

Abb. 4.26. Lenkwiderstandsmomente der Räder in Abhängigkeit vom Knickwinkel am Beispiel des knickgelenkten Radladers mit pendelnder Hinterachse

Die Bezeichnungen haben ähnliche Bedeutung wie in der Gleichung (4.40) mit dem Unterschied, dass sie ein Knickgelenkfahrzeug mit einer (vorderen) Antriebsachse betreffen. Außerdem gibt es in diesem Fall keine starre Verbindung der Achsen untereinander, die Versetzungswiderstandskomponenten der Räder in beiden Bewegungsphasen resultieren praktisch nur aus dem Rollen der Räder mit seitlichem Schräglauf.

Für die umfassende Berechnungen des Nominal-Lenkwiderstandsmoments $M_{W,N}$ sind die entsprechenden Gleichungen (4.44) bis (4.78), (4.97) bis (4.100) und folgende Hilfsberechnungen erforderlich:

- Berechnung der parametrischen Gleichungen der Momentanpole der Glieder eines knickgelenkten Fahrzeugs im Verhältnis zum Untergrund (Abb. 4.6):
- vorderes Glied

$$X_{M_v} = L_v, \qquad (4.110)$$

$$Y_{M_v} = 0, \qquad (4.111)$$

- hinteres Glied

$$\gamma_{h,o} = \arcsin\left(\frac{L_v}{L_v + L_h} \cdot \sin\gamma\right), \qquad (4.112)$$

$$\gamma_{h,k} = \gamma - \gamma_{h,o}. \qquad (4.113)$$

- Berechnung der parametrischen Gleichungen der Rädermitten eines knickgelenkten Fahrzeugs (Abb. 4.6):
- äußeres Vorderrad

$$X_{0,vo} = L_v + 0{,}5 \cdot B \cdot \sin\gamma_{v,k}, \qquad (4.114)$$

$$Y_{0,vi} = -0{,}5 \cdot B \cdot \cos\gamma_{v,k}, \qquad (4.115)$$

- inneres Vorderrad

$$X_{0,vi} = L_v - 0{,}5 \cdot B \cdot \sin\gamma_{v,k}, \qquad (4.116)$$

$$Y_{0,vi} = 0{,}5 \cdot B \cdot \cos\gamma_{v,k}, \qquad (4.117)$$

- äußeres Hinterrad

$$X_{0,ha} = -\left[L_h - \left(\frac{L_v \cdot \sin\gamma_{v,k}}{\sin\gamma_{h,o}} - L_h\right) \cdot \cos\gamma_{h,o} + 0{,}5 \cdot B \cdot \sin\gamma_{h,o}\right], \qquad (4.118)$$

$$Y_{0,ha} = -\left[0{,}5 \cdot B \cdot \cos\gamma_{h,o} + \left(\frac{L_v \cdot \sin\gamma_{v,k}}{\sin\gamma_{h,o}} - L_h\right) \cdot \sin\gamma_{h,o}\right], \qquad (4.119)$$

- inneres Hinterrad

$$X_{0,hi} = -\left[L_h - \left(\frac{L_v \cdot \sin\gamma_{v,k}}{\sin\gamma_{h,o}} - L_h\right) \cdot \cos\gamma_{h,o} + \right.$$
$$\left. -0{,}5 \cdot B \cdot \sin\gamma_{h,o}\right], \quad (4.120)$$

$$Y_{0,hi} = \left[0{,}5 \cdot B \cdot \cos\gamma_{h,o} - \left(\frac{L_v \cdot \sin\gamma_{v,k}}{\sin\gamma_{h,o}} - L_h\right) \cdot \sin\gamma_{h,o}\right]. \quad (4.121)$$

- Berechnung der Wenderadien der Räder eines knickgelenkten Fahrzeugs (Abb. 4.6)

$$\rho_{va} = \rho_{vi} = 0{,}5 \cdot B, \quad (4.122)$$

$$\rho_{ha} = \sqrt{(X_{0,ha} - X_{M,h})^2 + (X_{0,ha} - Y_{M,h})^2}, \quad (4.123)$$

$$\rho_{hi} = \sqrt{(X_{0,hi} - X_{M,h})^2 + (Y_{0,hi} - Y_{M,h})^2}. \quad (4.124)$$

- Berechnung der Längsreaktionen (Rollwiderstände) der Räder eines knickgelenkten Fahrzeugs

$$F_{x,va}^{(o)} = k_t \cdot f_t \cdot R_{va}, \quad (4.125)$$

$$F_{x,vi}^{(o)} = k_t \cdot f_t \cdot R_{vi}, \quad (4.126)$$

$$F_{x,ha}^{(o)} = F_{x,ha}^{(s)} = k_t \cdot f_t \cdot R_{ha}, \quad (4.127)$$

$$F_{x,hi}^{(o)} = F_{x,hi}^{(s)} = k_t \cdot f_t \cdot R_{hi}. \quad (4.128)$$

Wenn man in der Formel (4.107) $L_V = 0$ annimmt, erhalten wir die Abhängigkeit für das Nominal-Lenkwiderstandsmoment eines Fahrzeugs mit Drehschemellenkung und zwar

$$M_{W,N} = \frac{k_W}{\eta_K} \cdot \left[0{,}5\,B \cdot \left(F_{x,va}^{(o)} + F_{x,vi}^{(o)}\right) + M_{z,va} + M_{z,vi}\right]. \quad (4.129)$$

Mit dem Nominal-Lenkwiderstandsmoment des Knickgelenkfahrzeug kann die Größe der kreuzverbundenen Hydrauliklenkzylinder bestimmt werden

$$D = \sqrt{\frac{2 \cdot \hat{M}_{W,N}(\gamma_{max})}{\pi \cdot h_E(\gamma_{max}) \cdot p_{t,max}} + \frac{d_s^2}{2}}, \qquad (4.130)$$

wobei
$p_{t,max}$ – gewünschter maximaler Öldruck in der Lenkanlage.

Im Umgang mit Knicklenkungen wurde festgestellt, dass es beim Anfahren eines Hindernisses große Rückstellkräfte in der Lenkanlage gibt. Es darf aus diesen Gründen nicht zum Ansprechen des Überdruckventils kommen, weil dadurch ein ungewolltes Einknicken der Maschine hervorgerufen wird. Praktische Erfahrungen orientieren deshalb auf die Einhaltung folgender Bedingung

$$\frac{DM(p_{t,max})|_{\gamma=0}}{0{,}5 \cdot SB} \leq (0{,}4 \div 0{,}5) \cdot Z_{max}. \qquad (4.131)$$

Es bezeichnen:
SB –Breite der Ladeschaufel, Z_{max} – maximale Zugkraft der Knickmaschine.

Mit den oben dargestellten Algorithmen wurden Beispielrechnungen der Nominal-Lenkwiderstandsmomente für den Radlader durchgeführt und die Ergebnisse mit entsprechenden Untersuchungen verglichen. Die Berechnungen wurden für folgende Beispieldaten des Knickladers durchgeführt:
$Q_N = 0$; $G_V = 52{,}6$ kN; $G_h = 49{,}8$ kN; $x_N = 0$; $x_V = 0{,}187$ m; $x_h = 0{,}257$ m; $L_V = 1{,}7$ m; $L_h = 1{,}282$ m; $B = 1{,}86$ m; $D_a = 1{,}346$ m; $B_O = 0{,}445$ m; $H_O = 0{,}356$ m; $p_O = 0{,}45 \cdot 10^2$ kPa; $p_W = 3 \cdot 10^2$ kPa; $k_O = 0{,}8$; $G = 8 \cdot 10^2$ kPa; $d_b = 0{,}04$ m; $k_n = 0{,}3$; $\mu' = 0{,}7$; $\mu_X = 0{,}7$; $f_t = 0{,}04$; $k_t = 1{,}8$; $\eta_K = 0{,}9$.

Die Ergebnisse der Untersuchungen samt der mathematischen Modelle der Lenkwiderstände des knickgelenkten Radladers sind in Abb. 4.27 dargestellt.

Die statistische Auswertung der Untersuchungen der besprochenen Modelle [31, 34] zeigt, dass die mathematischen Modelle 4.42 und 4.109 mit den entsprechenden Hilfsgleichungen die wirklichen Vorgänge mit für die Praxis ausreichender Genauigkeit darstellen. Diese Modelle berücksichtigen alle wesentlichen Konstruktions- und Betriebsmerkmale des knickgelenkten Nutzfahrzeugs und können von den Konstrukteuren als Software benutzt werden.

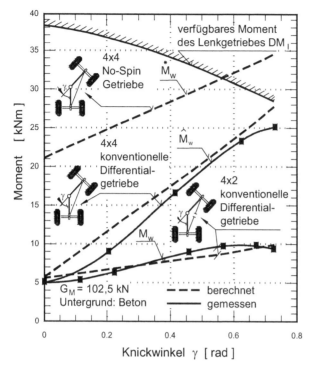

Abb. 4.27. Abhängigkeit des verfügbaren Lenkmomentes DM_l und der Lenkwiderstandsmomente $M_{W,I}; \hat{M}_{W,I}; \overset{*}{M}_{W,I}$ des knickgelenkten Radladers vom Knickwinkel γ

4.3 Lenkgeschwindigkeit

Zur Gewährleistung der Manövrierfähigkeit des Radfahrzeugs bei Betriebsbedingungen und vor allem zur Erfüllung der Sicherheitserfordernisse während der Fahrt auf öffentlichen Straßen, muss die Lenkanlage des Fahrzeugs mit Knicklenkung eine Lenkgeschwindigkeit gewährleisten, die oben erwähnten Kriterien erfüllt.

Allgemein wird angenommen, dass die Berechnungsbedingung (Kriterium) der Nominal-Lenkgeschwindigkeit von Nutzfahrzeugen mit Knicklenkung die Lenkung im Stand ist und deren Dauer von Anschlag zu Anschlag $t_L = 4s$ beträgt. Daraus kann man die Nominalaufnahmefähigkeit der kreuzverbundenen Hydrauliklenkzylinder berechnen

$$Q_{L,N} = \frac{V_L}{t_L} = \frac{\pi \cdot (2 \cdot D^2 - d_s^2) \cdot H}{4 \cdot t_L}. \qquad (4.132)$$

Es bezeichnen:
t_L – Lenkzeit des Fahrzeugs von Anschlag zu Anschlag, V_L – Hydrauliklenkzylindervolumen bei voller Aussteuerung von $-\gamma_{max}$ bis $+\gamma_{max}$.

Ein weiteres Kriterium für die Lenkungsauslegung ist die Zahl der Lenkradumdrehungen von Anschlag zu Anschlag. Sie soll zwischen 3,5 und 6,5 Lenkradumdrehungen liegen [157].

An dieser Stelle ist zu betonen, dass Fahrzeuge mit Knicklenkung zum Erreichen der geforderten Lenkgeschwindigkeit eine weitaus größere Ölmenge benötigen als Fahrzeuge gleicher Größe mit Achsschenkellenkung. Das oben erwähnte Kriterium der Nominal-Lenkgeschwindigkeit ist begrenzt, denn es betrifft nur die Wendung des Fahrzeugs im Stand. Außerdem berücksichtigt es nicht so wesentliche geometrische Parameter des Fahrzeugs wie z.B. die Lage des Knickgelenks oder die Anordnung der Hydrauliklenkzylinder.

Betriebsuntersuchungen haben ergeben, dass die größte Lenkgeschwindigkeit, die das Lenkgetriebe gewährleisten muss, während der Manöver zur Änderung der Fahrtrichtung erforderlich ist.

In der Analyse des Vorgangs wurde vorausgesetzt, dass ein repräsentativer Punkt in den kinematischen Betrachtungen der Mittelpunkt der Vorderachse O_V des Knickgelenkfahrzeugs ist (Abb. 4.28).

Die Ortsveränderung dieses Punktes im unbeweglichen Koordinatensystem $\hat{X}\hat{O}\hat{Y}$ wurde mit Hilfe des Kurswinkels ψ definiert. Die Bewegungen des vorderen Gliedes des Fahrzeugs, bezogen auf das angenommene Koordinatensystem, kann man entweder als das Ergebnis von zwei Bewegungskomponenten, das ist zum einen die Wendung des vorderen Gliedes des Fahrzeugs mit der Winkelgeschwindigkeit ω_V bezogen auf den Untergrund und zum anderen die Wendung dieses Gliedes des Fahrzeugs mit der Winkel-Führungsgeschwindigkeit ω_F um den Momentanpol M oder auch als eine flache Wendung des vorderen Gliedes des Fahrzeugs mit der Winkelgeschwindigkeit Ω_V um einen gewissen Momentanpol, betrachten.

Die Geschwindigkeit Ω_V der Kursänderung des vorderen Gliedes des Fahrzeugs erfüllt die vektorielle Gleichung:

– für die Phase des Einfahrens des Fahrzeugs in die Kurve

$$\overline{\Omega}_V = \overline{\omega}_F + \overline{\omega}_{V,k}, \qquad (4.133)$$

– für die Phase des Ausfahrens des Fahrzeugs

$$\overline{\Omega}_v = \overline{\omega}_F - \overline{\omega}_{v,k}.\tag{4.134}$$

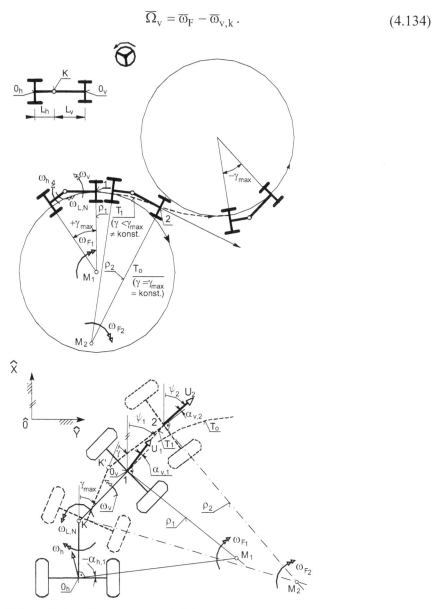

Abb. 4.28. Ausfahrvorgang des knickgelenkten Fahrzeugs aus der Kurve

Die Winkel-Lenkgeschwindigkeit ω_L des Fahrzeugs mit Knicklenkung kann als vektorielle Gleichung (Abb. 4.28) dargestellt werden

4.3 Lenkgeschwindigkeit

$$\overline{\omega}_L = \overline{\omega}_{v,k} - \overline{\omega}_{h,0}. \qquad (4.135)$$

Die skalare Gestalt dieser Gleichung erfüllt die Abhängigkeit

$$\omega_L = \omega_{v,k} + \omega_{h,0}, \qquad (4.136)$$

in welcher

$$\omega_{v,k} = (1 - \hat{A}) \cdot \omega_L, \qquad (4.137)$$

wobei z.B. für ein Fahrzeug mit Vorderachsantrieb entsprechend der Gleichung 4.31 die Identität Gültigkeit hat

$$\hat{A} = \frac{\dfrac{L_v}{L_v + L_h} \cdot \cos\gamma}{\sqrt{1 - \left(\dfrac{L_v}{L_v + L_h}\right)^2 \cdot \sin\gamma}}. \qquad (4.138)$$

Aus den Formel (4.133) bis (4.138) resultiert, dass bei konstanter Winkelgeschwindigkeit Ω_V der Kursänderung eines knickgelenkten Fahrzeugs die größte Geschwindigkeit, die die Lenkanlage des Fahrzeugs während der Fahrt entwickeln muss, in der Phase des Ausfahrens aus der Kurve erforderlich ist. Entsprechend Abb. 4.28 kann man die Winkel-Führungsgeschwindigkeit ω_{F1} mit Hilfe der Formel (4.139) darstellen

$$\omega_{F1} = \frac{U_1}{\rho_1} = \frac{U_1 \cdot \sin[\gamma_{max} - (\alpha_{v,1} - \alpha_{h,1})]}{L_h \cdot \cos\alpha_{h,1} + L_h \cdot \cos(\gamma_{max} + \alpha_{h,1})}. \qquad (4.139)$$

Es bezeichnen:
U_1 – lineare Geschwindigkeit des Mittelpunktes O_V der Vorderachse des Fahrzeugs bei $\gamma = \gamma_{max}$,
ρ_1 – momentaner Wenderadius des Mittelpunktes O_V der Vorderachse des Fahrzeugs bei $\gamma = \gamma_{max}$.

Aus der Formel 4.139 resultiert, dass für U_1 = konst. der maximale Wert der Führungsgeschwindigkeit ω_{F1} bei minimalen Wenderadius $\rho_{1'}$ der ist, bei dem $\gamma = \gamma_{max}$ vorkommt.

Betriebsuntersuchungen von knickgelenkten Fahrzeugen haben gezeigt, dass in der Regel der Fahrer beim Ausfahren aus der Kurve die Geschwindigkeit erhöht, hingegen beim Einfahren in die Kurve, mit wachsender Krümmung der Kurvenlinie, vermindert [20]. Bei echten Betriebsbedingungen besteht also eine gewisse Funktionsabhängigkeit $U_1 = U_1(\gamma)$. Mit welcher Geschwindigkeit der Wendevorgang erfolgt, entscheidet subjektiv der Fahrer des Fahrzeuges. Maßgebend für seine Entscheidung sind momentane Kriterien wie z.B.: die Verkehrsdichte, die Breite der Fahrbahn, Krümmung und Neigung der Fahrbahn, Art und Zustand des Untergrunds, Art und Befestigung der Ladung usw.

Im Resümee kann man also annehmen, dass der Fahrer beim Wendevorgang subjektiv die Fahrgeschwindigkeit wählt, bei welcher die Zentrifugalbeschleunigung auf einem vom Standpunkt der Effektivität und Sicherheit des Fahrzeugs und der Ladung sowie des Komforts des Fahrers entsprechenden Niveau verbleibt. Zum Beispiel sollte nach Jante die größte Zentripetalbeschleunigung in einer Kurve für einen Bus 0,6 m/s² nicht überschreiten, da sonst die Passagiere Schwierigkeiten mit dem Einhalten einer stehenden Position haben können [87].

Dementsprechend kann man die Führungsgeschwindigkeit ω_{F1} des knickgelenkten Fahrzeugs (Formel 4.139) ausdrücken. Bei der Betrachtung des Ausfahrvorgangs aus der Kurve wurde angenommen, dass der Punkt 1 (Abb. 4.28) auf der Kurvenlinie des Mittelspunkts O_V der Vorderachse den Augenblick des Einschaltens der Lenkanlage darstellt. Wenn der Fahrer die Absicht hat den Kurswinkel ψ_1=konst. in Richtung einer Tangente zur Kurvenlinie T_1 einzuhalten, muss folgende Gleichung erfüllt sein

$$\omega_{F1} = \sqrt{\frac{a_{N,G}}{\rho_1}}, \quad (4.140)$$

wobei

$a_{N,G}$ – Grenzwert der Zentripetalbeschleunigung für die gegebene Maschine.

Aus den bisherigen Betrachtungen ergibt sich, dass die Nominal-Lenkgeschwindigkeit $\omega_{L,N}$ eines Knickgelenkfahrzeugs bei Beginn des Anfahrens aus der maximalen Lenkung γ_{max} des Fahrzeugs, bei der Fahrt mit maximaler, sicherer Zentrifugalbeschleunigung $a_{N,G}$, zu bestimmen ist.

Bei der Betrachtung des Ausfahrvorgangs aus der Kurve wurde angenommen, dass der Punkt 1 (Abb. 4.28) auf der Kurvenlinie des Mittelpunkts O_V der Vorderachse den Augenblick des Einschaltens der Lenkanlage darstellt. Wenn der Maschinist die Absicht hat, den Kurswinkel ψ_1=konst. in Richtung einer Tangente zur Kurvenlinie T_1 einzuhalten, müssen folgende Gleichungen erfüllt sein

$$\Omega_{v1} = \frac{d\psi_1}{dt} = 0, \quad (4.141)$$

sowie nach Gleichung (4.134)

4.3 Lenkgeschwindigkeit 87

$$\omega_{F1} = \omega_{v,k1}. \qquad (4.142)$$

Beobachtungen des Verhaltens von Fahrer haben erwiesen, dass sie die Lenkanlage mit einer Voreilung, d.h. vor dem Erreichen des geplanten Kurses durch das Fahrzeug, einschalten. Demzufolge kann also die Wendegeschwindigkeit $\omega_{v,k}$ des vorderen Gliedes etwas niedriger gewählt werden

$$\omega_{v,k} = \frac{\omega_F}{\Theta}, \qquad (4.143)$$

wobei
Θ - sog. Wende-Voreilfaktor, $\Theta \geq 1$.

Bei Berücksichtigung der Gleichungen (4.137) bis (4.144) kann die Nominal-Lenkgeschwindigkeit $\omega_{L,N}$ eines knickgelenkten Fahrzeugs durch folgende Formel dargestellt werden

$$\omega_{L,N} = \frac{\sqrt{a_{N,G}}}{(1-\hat{A}) \cdot \Theta} \cdot \sqrt{\frac{\sin[\gamma_{max} - (\alpha_v - \alpha_h)]}{L_h \cdot \cos\alpha_h + L_v \cdot \cos(\gamma_{max} + \alpha_h)}}. \qquad (4.144)$$

Bei Berechnungen nach (4.144) kann man mit einem für dieses Problem unwesentlichen Fehler annehmen, dass die Schräglaufwinkel α_v und α_h des Fahrzeugs gleich Null sind.

Die Nominal-Aufnahmefähigkeit der Hydrauliklenkzylinder $Q_{L,N}$, die aus den Formeln (4.18) und (4.144) sowie der Voraussetzung $\alpha_v = \alpha_h = 0$ resultiert, kann man mit Hilfe folgender Gleichung dargestellt werden

$$Q_{L,N} = \frac{\pi}{4 \cdot \Theta \cdot (1-\hat{A})} \sqrt{\frac{a_{N,G} \cdot (a^2 + b^2) \cdot \sin\gamma_{max}}{L_h + L_v \cdot \cos\gamma_{max}}} \cdot \left[D^2 \cdot \sin\mu_{i|\gamma_{max}} + (D^2 - d_s^2) \cdot \sin\mu_{a|\gamma_{max}} \right]. \qquad (4.145)$$

Die Gleichungen (4.144) und (4.145) berücksichtigen bei der Wahl der Nominal-Lenkgeschwindigkeit und der Nominal-Aufnahmefähigkeit der Hydrauliklenkzylinder wesentliche Aspekte der Lenkdynamik der Maschine sowie die Lage des Knickgelenks und die Anordnung der Hydrauliklenkzylinder, was als Beispiel im Vergleich zum Kriterium (4.132) in Abb. 4.29 dargestellt ist.

Wie aus Gleichung (4.145) sowie Abb. 4.29 resultiert, hat die Verminderung der erforderlichen Nominal-Aufnahmefähigkeit der Lenkzylinder unter anderem zur Folge:
• Versetzung des Knickgelenkes nach vorn,

88 4 Lenkparameter für Radfahrzeuge mit Knick- und Drehschemellenkung

- Verminderung der Entfernung eines der Befestigungspunkte des Lenkzylinders vom Knickgelenk,
- Verminderung der Grenz-Zentrifugalbeschleunigung,
- Vergrößerung des Wende-Voreilfaktors.

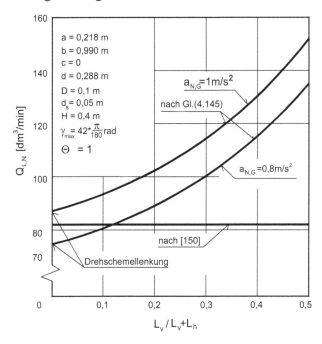

Abb. 4.29. Abhängigkeit der Nominal-Aufnahmefähigkeit der Hydrauliklenkzylinder $Q_{L,N}$ von der Anordnung des Knickgelenks L_v / L_v+L_h

4.4 Optimale Struktur und Geometrie des Lenkgetriebes

Die Charakteristika des Lenkmoments und der Lenkgeschwindigkeit eines Lenkgetriebes werden wesentlich durch seine konstruktive Gestaltung bestimmt. Das Bestreben, die Lebensdauer der Lenkgetriebe zu vergrößern und in erster Linie das erforderliche Lenkmoment und die zugehörige Lenkgeschwindigkeit für verschiedene Betriebssituationen sicherzustellen, beeinflusst die verschiedenen konstruktiven Lösungen (Abb. 4.30).

Zusätzlich soll das Lenkgetriebe, wenn möglich, eine über den gesamten Knickbereich gleichmäßige Lenkgeschwindigkeit und ein gleichmäßiges Lenkmoment garantieren. Die Konstruktionsarbeit an Lenkgetrieben zielt heute auf ein Minimierung der Ungleichmäßigkeit von Lenkmoment und Lenkgeschwindigkeit. Dies hat in erster Linie zur Folge, dass die inneren

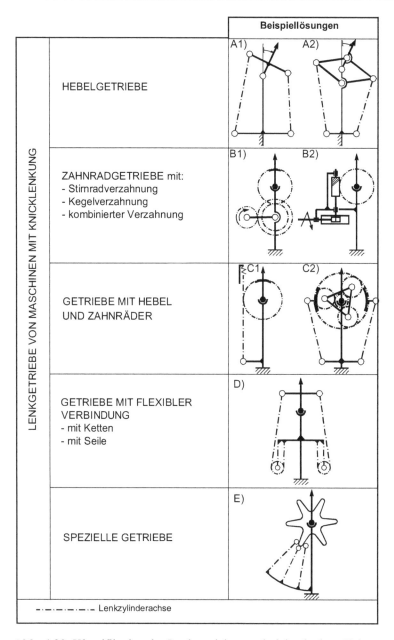

Abb. 4.30. Klassifikation der Lenkgetriebe von knickgelenkten Fahrzeugen

dynamischen Belastungen im Lenkgetriebe reduziert werden. Bei heute üblichen knickgelenkten Fahrzeugen mit Knickwinkeln bis ca. $\gamma = \pm 60°$ werden in der Regel einfachere Lenkstangengetriebe mit zwei Zylindern verwendet. Wenn diese einfachen Lenkstangengetriebe in Knickfahrzeugen mit Knickwinkel von γ ± 90° eingebaut werden, besteht die Gefahr, dass das Lenkgetriebe seinen Lenktotpunkt erreicht. Das bedeutet, dass die Kraftlinie eines Lenkzylinders durch das Knickgelenk läuft (Abb. 4.31).

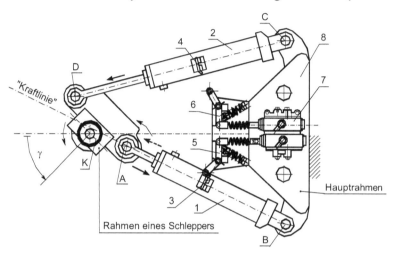

Abb. 4.31. Schema eines Lenkstangengetriebes, das seinen Totpunkt erreichen kann; 1,2 – Lenkzylinder; 3,4 – Steuerkurven 5,6 – zweiarmiger Hebel; 7 – Lenkventil; 8 – Rahmen des Nutzfahrzeugs, K – Knickgelenk, γ – Knickwinkel

Dadurch wird eine Reversionsanlage notwendig, die die Bewegung der Kolben der Lenkzylinder übersteuert und eine Rückstellung ermöglicht. Der Vorteil dieser Lenkgetriebe besteht in ihrem einfachen Aufbau und der Verwendbarkeit kurzhubiger Zylinder. Der Nachteil ist die Notwendigkeit einer Reversionsanlage. Andere Lenkgetriebe, die im Abb. 4.30 dargestellt sind, erreichen auch bei einem Knickwinkel von ± 90° keinen Totpunkt.

In bisherigen Knickfahrzeugen werden vor allem Stangengetriebe mit hydraulischem Antriebsglied als Lenkgetriebe angewendet. Diese Lenkgetriebe sind in der Anwendung sehr beliebt, da sie große Kräfte übertragen können und auch bei schweren Einsatzbedingungen eine hohe Lebensdauer haben. Des weiteren besitzen sie Selbstschmierung, stufenlosen Antrieb und eine geringe Trägheit. Das in Fahrzeugen mit Knicklenkung angewendete Stangenlenkgetriebe wird durch zwei Differenzial-Hydraulikzylinder angetrieben (Abb. 4.32).

Es sind auch Lenkgetriebe mit einer größeren Anzahl von Differential-Hydraulikzylindern (Abb. 4.33a und b) oder mit zwei Plungerzylindern (Abb. 4.33c) bekannt.

4.4 Optimale Struktur und Geometrie des Lenkgetriebes

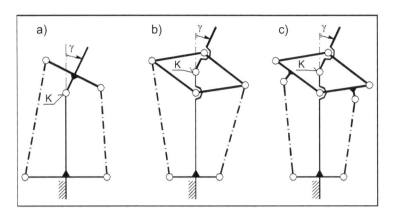

Abb. 4.32. Typische Lenkgetriebe mit zwei Differential-Hydraulikzylindern;
--------- Lenkzylinderachsen

Die in Abb. 4.32b und 4.32c dargestellten Lenkgetriebe haben den gleichen Aufbau, unterscheiden sich jedoch durch ihre Abmessungen. Die Analyse der in der Literatur beschriebenen Lenkgetriebe erlaubt die Schlussfolgerung, dass bisher nicht alle Lösungsmöglichkeiten bekannt sind, die den Ausgangspunkt für die Wahl einer optimalen Lösung bilden.

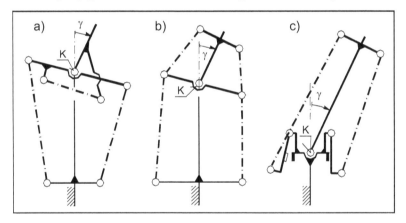

Abb. 4.33. Untypische Lenkgetriebe mit drei (a) bzw. vier Differential-Hydraulikzylindern (b) und zwei Plunger-Hydraulikzylindern (c);
--------- Lenkzylinderachsen

4.4.1 Wahl der optimalen Struktur des Lenkgetriebes

Für die Ermittlung aller möglichen Strukturlösungen für Lenksysteme mit zwei Differential-Hydraulikzylindern wurde angenommen, dass sie aus zwei symmetrischen parallelen Lenkgetrieben zusammengesetzt sind und die ungünstige Lenkrichtung eliminiert wird. Außerdem wurde angenommen, dass bei der Struktursynthese des Stangenlenkgetriebes dieses als eben betrachtet wird, obwohl es in Wirklichkeit ein räumliches Getriebe mit speziellen Achslagen ist. Mit dieser Annahme kann gemäss Abb. 4.34 im ebenen Stangenlenkgetriebe unterschieden werden: der vordere Teil „v" und der hintere Teil „h" des Fahrzeugs mit Knickgelenk „k" sowie eine Gruppe von Zwischengliedern „g".

Wird die Gruppe g der Zwischenglieder eliminiert (Abb. 4.34), so ist zu erkennen, dass eine Drehbewegung zwischen den beiden Fahrzeugteilen möglich ist. Das wird als Ausgangsbeweglichkeit $W_W = 1$ der Fahrzeugteile definiert. Die Gruppe der Zwischenglieder hat die Aufgabe, diese Knickbewegung mit Hydraulikzylinder zu bewirken. Bleibt die Länge des Hydraulikzylinders konstant, so verbindet die Gruppe der Zwischenglieder beide Fahrzeugteile steif. Diese Feststellung wird als theoretische Beweglichkeit $W_t = 0$ des zu entwerfenden Lenkgetriebes definiert [54÷55].

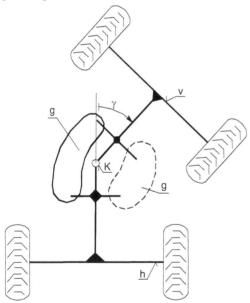

Abb. 4.34. Schema eines Fahrzeugs mit Knicklenkung und die Gruppe der Zwischenglieder g

Die theoretische Beweglichkeit W_t des zu entwerfenden Lenkgetriebes ist die Summe aus unbekannter Beweglichkeit der Gruppe der Zwischenglieder W_g und Ausgangsbeweglichkeit beider Fahrzeugsteile W_W. Es gilt

$$W_g = W_t - W_w = -1. \qquad (4.146)$$

Die Beweglichkeit W_g der Gruppe der Zwischenglieder kann anders ausgedrückt werden, wenn ihr Strukturaufbau berücksichtigt wird

$$W_g = 3 \cdot k - \sum_{i=1}^{2}(3-i) \cdot \overset{*}{p}_i. \qquad (4.147)$$

Darin ist k Zahl der Glieder in der Gruppe und $\overset{*}{p}_i$ die Zahl der Gelenke i-ter Ordnung. Nach Einsetzen von Gl. (4.146) in Gl. (4.147) und Umformung erhält man eine Strukturgleichung für die Gruppe der Zwischenglieder

$$3 \cdot k + 1 = 2 \cdot \overset{*}{p}_1 + \overset{*}{p}_2. \qquad (4.148)$$

Darin ist $\overset{*}{p}_1$ die Zahl der Gelenke I. Ordnung und $\overset{*}{p}_2$ die Anzahl der Gelenke II. Ordnung in der Ebene. Da die Gruppe der Zwischenglieder einen Hydrauliklenkzylinder mit zwei Drehgelenken enthält, muss in Gl. (4.148) folgende Einschränkung eingeführt werden

$$k \geq 1, \qquad \overset{*}{p}_1 \geq 2. \qquad (4.149)$$

Um einfache und zuverlässige Lösungen zu bekommen, wurde die Zahl der Glieder in der Gruppe auf $k \leq 4$ beschränkt. Für diese Beschränkung wurde für $1 \leq k \leq 4$ die Zahl der Gelenke I. und II. Ordnung aus Gl. (4.148) bestimmt und das Ergebnis in Abb. 4.35 zusammengestellt.

Aus Tabelle 4.1 folgt, dass bei bestimmter Gliederzahl in der Gruppe g verschiedene Lösungen auftreten, die alle möglichen Kombinationen umfassen, die sich untereinander durch Ordnung und Zahl der Gelenke unterscheiden.

Tabelle 4.1. Ergebnisse der Struktursynthese der Zwischengliedergruppe g

k	1	2		3				4				
P_1	2	3	2	5	4	3	2	6	5	4	3	2
P_2	0	1	3	0	2	4	6	1	3	5	7	9
Index	1.2.0	2.3.1	2.2.3	3.5.0	3.4.2	3.3.4	3.2.6	4.6.1	4.5.3	4.4.5	4.3.7	4.2.9

Diese Lösungen verwirklichen gleiche Struktur- und Funktionsbedingungen, müssen jedoch aus technischer Sicht verschieden beurteilt werden. Aufgrund der Fertigungskosten und der schweren Einsatzbedingungen der Maschinen mit Knicklenkung wurden alle Lösungen für Lenkgetriebe mit Gelenken II. Ordnung aus der weiteren Analyse ausgeschlossen. In den weiteren Überlegungen werden nur die Lösungen mit den Bezeichnungen 1.2.0 (Abb. 4.36) berücksichtigt.

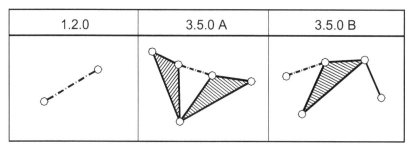

Abb. 4.35. Strukturschemata von Zwischengliedergruppen g

Aus diesen Lösungen wurden alle möglichen Kombinationen der Lenkgetriebe von Fahrzeugen mit Knicklenkung gebildet (Abb. 4.37).

Der Vergleich der aus Literatur bekannten Lösungen (Abb. 4.32) mit den Lösungen für Bedingungen $1 \le k \le 4$, $\overset{*}{p}_1 \ge 2$ und $\overset{*}{p}_2 = 0$ zeigt zwei bekannte (Abb. 4.36a u. 4.36c) und vier weitere vollkommen neue Varianten (Abb. 4.36b, 4.36d, 4.36a, 4.36f).

Nicht nur der strukturelle Bau, sondern vor allem die Anforderungen an die Betriebseigenschaften bei gegebenen Einsatzbedingungen des Fahrzeugs charakterisierten das Lenkgetriebe von Fahrzeugen mit Knicklenkung. Diese Eigenschaften wurden zur Anfangsbeurteilung der Lösungen von Abb. 4.37 genutzt.

Im ersten Schritt wurden diese Systeme, die sich nicht nur in der Anzahl der Glieder, sondern auch in der Anbringung der Hydrauliklenkzylinder unterscheiden, einer Strukturbeurteilung nach folgender Kriterien unterzogen:
a) Grad der Zuverlässigkeit
b) relative Herstellungskosten
c) Verlauf des vom Lenkgetriebe übertragenen Leistungsstromes
d) Anforderungen an die Herstellungsgenauigkeit.

Mit diesen Kriterien und der Methode zur Strukturbeurteilung wurden die in Abb. 4.37 dargestellten Lösungen quantitativ beurteilt, wobei sich folgende Rangfolge ergab:

1. Lösung a
2. Lösung d und e
3. Lösungen b, c und f.

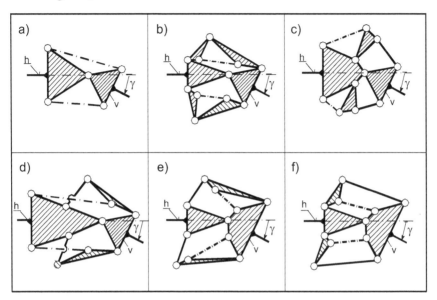

Abb. 4.36. Strukturschemata der Lenkgetriebe für knickgelenkte Fahrzeuge;
--------- Lenkzylinderachsen

Wird der sogenannte Qualitäts-Ersatzkoeffizient, der alle obigen Kriterien erfasst, eingesetzt, so ist abzuleiten, dass nur die Lösung a sich wesentlich von den anderen unterscheidet. Es ist auch festzustellen, dass vom Standpunkt der Lenkeigenschaften das Ergebnis der Qualitätsbeurteilung zwar die einfachste Lösung vorschlägt, jedoch keine Anhaltspunkte zum Eliminieren der anderen Lösungen.

Im zweiten Schritt wurde eine Beurteilung der Strukturlösungen im Hinblick auf die Betriebseigenschaften durchgeführt.

Zu diesen zählen vor allem:

- Sicherung des verfügbaren Lenkmoments $DM(\gamma)$ in solcher Höhe, dass der Wert im vollen Lenkbereich γ des Fahrzeugs größer als das Moment aus der Summe der Lenkwiderstände M_W des Fahrzeugs mit Knicklenkung ist (Abb. 4.34). Unter Berücksichtigung der gleichmäßigen Belastung der Hydrauliklenkzylinder und des damit verbundenen Wertes für den Druck der Hydraulikflüssigkeit in dieser Anlage sollte außerdem folgende Bedingung erfüllt werden

$$W_D - W_N = \int_{-\gamma_{max}}^{\gamma_{max}} [DM(\gamma) - M_W(\gamma)] d\gamma \Rightarrow \min. \qquad (4.150)$$

Es bezeichnen:
W_D – Dispositionsarbeit des Lenkgetriebes, W_N – nutzbare Arbeit des Lenkgetriebes.
Die Bedingung Gl. (4.150) wird theoretisch erfüllt, wenn der Verlauf des Dispositionsmoments DM der Lenkgetriebe ähnlich dem Verlauf der Summe der Lenkwiderstandsmomente M_W ist.
- Sicherung möglichst großer Übertragungswinkel μ, die einen wichtigen Faktor im Hinblick auf die Fertigungsgenauigkeit bilden.
- Sicherung der geforderten Lenkgeschwindigkeit ω_L des knickgelenkten Fahrzeugs, die über die Betriebseigenschaften, wie Manövrierfähigkeit, entscheidet.
- Sicherung einer gleichmäßigen Lenkgeschwindigkeit, wodurch schädliche dynamische Belastungen vermieden werden. Dieses Problem wird teilweise gelöst, indem in der Hydraulikanlage des Lenkgetriebes bereits entsprechende Vorkehrungen getroffen werden.
- Gewährleistung minimaler Leistungsentnahme während der Auslenkung.

Nach diesen Kriterien wurden die Lenkgetriebe b und e eliminiert; b und e sind strukturell zusammengesetzte Lösungen, siehe Abb. 4.36, die immer eine konvexe Funktion des verfügbaren Lenkmoments besitzen. Auch der Charakter dieser Funktion der Lenkgetriebe a ist ähnlich aufgebaut wie b und e. Wegen dieses einfachen Aufbaus ist das Lenkgetriebe a jedoch für die Praxis interessant. Als Selektionsergebnis der Lenkgetriebe empfehlen sich für die praktischen Anwendungen die Lösungen a, c, d und f. Die erreichten neuen patentierten Lösungen d und f ermöglichen Knickwinkel bis $\gamma = \pm 90°$ [58]. Bei entsprechender Wahl der Geometrie dieser Lösungen werden unnötige Überschüsse des verfügbaren Lenkmoments im Vergleich zum Lenkwiderstandsmoment des Fahrzeugs eliminiert. Einfache Konstruktionsschemata dieser Lösungen sind in Abb. 4.37 dargestellt.

4.4.2 Wahl der optimalen Geometrie des Lenkgetriebes

Verfügt man über eine Sammlung von Strukturlösungen der Lenkgetriebe für industrielle Radfahrzeuge mit Knicklenkung, dann kann die optimale Geometrie bestimmt werden. Im folgenden wird das Prinzip der Wahl der optimalen Geometrie am Beispiel des am häufigsten eingesetzten Lenkgetriebes (Abb. 4.36a) unter Ausnutzung der Polyoptimierung dargestellt.

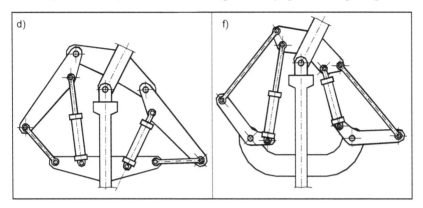

Abb. 4.37. Stangen-Pleuelstangenlenkgetriebe (entsprechend Strukturschema 4.36d) und Stangen-Schwinghebelgelenkgetriebe (entsprechend Strukturschema 4.36f)

Die vorgeschlagene nicht konventionelle Polyoptimierungsmethode, die zur Wahl einer optimalen Geometrie des Lenkmechanismus benutzt wurde, kann wie folgt dargestellt werden:
Aus der Vielzahl N der Zielfunktionen wird eine Funktion $f_n(x)$ gewählt. Ist der Grad der Wichtigkeit der Kriterien bekannt (einige Kriterien, z.B. aus den Einsatz- oder Konstruktionsbedingungen, können mehr oder weniger wichtig sein), dann wird das wichtigste gewählt. Für die übrigen (N-1) Zielfunktionen werden auf Grund der Konstruktionsbedingungen die Wertebereiche dieser Funktionen bestimmt. Dies bedeutet: wenn die Zielfunktion einen Wert aus dem Bereich erreicht, erfüllt sie die Bedingungen des Konstrukteurs. Der untere und obere Wert dieses Bereichs darf natürlich nicht unter- oder überschritten werden. Dies betrifft auch das Maximum und Minimum der Zielfunktion. Es gilt also

$$a_k \leq f_k(x) \leq b_k, \quad a \geq \min f_k(x), \quad b_k \leq \max_{x \in D} f_k(x), \qquad (4.151)$$

$$k \neq n, \quad k \in \{1, 2, 3, ..., N\}.$$

Diese Bedingungen werden in die Beschränkungen übertragen. Jede bestimmt eine gewisse Teilmenge $D_k \subset D$. Nun wird folgende Aufgabe gelöst

$$\max_{x \in D'} f_k(x) \qquad (4.152)$$

mit

$$D' = D \cap \bigcap_{\substack{k=1 \\ k \neq n}} D_k.$$

Dies führt zur Lösung $x^* \in D$, für die einzelnen Zielfunktionen folgende Werte haben

$$f_k(x^*) = f_k^*, \qquad k = 1, 2, ..., N. \tag{4.153}$$

Man muss bemerken, dass die Lösung x^* eine polyoptimale Lösung ist, da die Lösung $x^o \in D$ für Zielfunktion $f_k(x)$, $k \neq n$ einen größeren Wert als $f_k(x^*)$, erreichen würde, d.h.

$$f_k(x^o) \geq f_n(x^*) \tag{4.154}$$

muss den Wert $f_n(x^*)$ verringern, also

$$f_n(x^o) < f_n(x^*). \tag{4.155}$$

Falls die Aufgabe Gl. (4.152) mehr als eine Lösung ergibt, wird die gewählt, für die f_k den größten Wert erreicht. Nacheinander wird der Bereich der Funktionswerte f_k verändert, d.h. für jede Funktion f_k, $k \neq n$, werden neue Werte a_k und b_k eingeben, und zugleich wird die Anzahl der zulässigen Lösungen D verändert. Es entsteht eine neue Aufgabe Gl. (4.152), die gelöst werden muss. Wird dieser Lösungsweg einige Male wiederholt, bekommt man eine Anzahl polyoptimaler Lösungen. Jede dieser Lösungen stellt einen Punkt $(f_1^*, f_2^*, ..., f_N^*)$ im N-dimensionalen Raum mit den Koordinaten $(f_1, f_2, ..., f_N)$ dar. Beispielsweise bekommt man für zwei verschiedene Zielfunktionen einen Verlauf wie in Abb. 4.38, dessen Punkt (f_1^*, f_2^*) der Lösung $x_1 \in D$ entspricht, die aus der Lösung der Aufgabe

$$f_1(x^*) = \max_{x \in D'} f_1(x) \tag{4.156}$$

bestimmt wurde, mit $D = D \cap \{x \in D: a_2 \leq f_2(x) \leq b_2\}$.

D ist die Ausgangsmenge der Beschränkungen, und der Punkt (f_1^{2*}, f_2^{2*}) entspricht $x_1^* \in D$ aus der Lösung der folgenden Aufgabe bei Änderung der Werte a_2 und b_2, d.h. $f_1(x_2^*) = \max_{x \in D''} f_1(x) = \max f_1(x)$

$$D'' = D \cap \{x \in D : a_2^2 \leq f_2(x) < b_2^2\}. \tag{4.157}$$

Die Wahl einer polyoptimaler Lösung wird dem Konstrukteur überlassen. Die mathematische Beschreibung der Konstruktion spiegelt nicht genau die tatsächlichen Zusammenhänge und Prozesse wider und bildet eine

4.4 Optimale Struktur und Geometrie des Lenkgetriebes

mehr oder weniger genaue Annährung. Jeder Konstruktion können Eigenschaften zugeordnet werden, die auf Grund der Messbarkeit oder komplizierter mathematischer Zusammenhänge nicht in mathematischen Modellen berücksichtigt werden. Eine bestimmte polyoptimale Lösung ist unmittelbar verbunden mit konkreter Ausführung der Konstruktion (z.B. technische, technologische, organisatorische usw. Möglichkeiten des Herstellers). Die Beschränkungen können nicht immer in Form einer mathematischen Beschreibung dargestellt werden. Wenn der Konstrukteur wenigstens zwei polyoptimale Punkte und ihren Zusammenhang im Koordinatensystem (f_1, f_2, ..., f_N) kennt, so kann er mit den angegebenen zusätzlichen Konstruktionsbedingungen eine Lösung wählen.

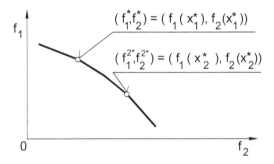

Abb. 4.38. Polyoptimale Lösung zweier Zielfunktionen

Die Kriterien, die als Grundlage der Optimierung dienen, folgen aus den Anforderungen, die das Lenkgetriebe erfüllen muss. Die oben dargestellten Forderungen stellen die für die Betrachtung möglichen Zielfunktionen (Kriterien) dar. Aus deren Vielzahl wurden zwei Kriterien ausgewählt, nämlich:

– die Maximierung des Dispositionsmomentes $DM(\gamma)$ des Lenkgetriebes (Gl. 4.36 u. Gl. 4.37),
– die Maximierung der Übertragungswinkel μ_a und μ_i (Abb. 4.7, Gl. 4.19 bis Gl. 4.26).

Diese Kriterien wurden gewählt, weil sie die wichtigsten Größen betreffen, die über die Wirksamkeit und Lebensdauer des Lenkgetriebes entscheiden. Die übrigen Kriterien wurden in Form von Beschränkungen eingeführt. Es soll berücksichtigt werden, dass der Übertragungswinkel μ_i eine Funktion des Übertragungswinkels μ_a und der Veränderlichen a, b, c und d ist. Von den zwei untersuchten Zielfunktionen wurde als eigentliche Zielfunktion das Dispositionsmoment DM gewählt und für den Übertragungswinkel $\mu_a \geq \mu_{gr}$ erfüllt, wobei μ_{gr} den unteren Wert dieses Winkels

100   4 Lenkparameter für Radfahrzeuge mit Knick- und Drehschemellenkung

bedeutet. Als Anfangswert wurde $\mu_{gr} = 0{,}5$ rad angenommen und μ_{gr} schrittweise bis zu $\mu_{gr} = 1$ rad vergrößert.

Die Maximierung des Dispositionsmomentes $DM(\gamma)$ entspricht der Maximierung des sog. äquivalenten Hebelarmes h_E der Lenkkräfte. Die Synthese muss mit maximalem Knickwinkel γ_{max} durchgeführt werden, da, wie Untersuchungen zeigten, bei diesem Winkel die ungünstigsten Eigenschaften des Lenksystems auftreten. Gesucht wird die Lösung folgender Aufgaben (Gl. 4.36 bis 4.39)

$$\max_{a,b,c,d} h_E(a,b,c,d,D,d_s,\gamma)|_{\gamma_{max}} \qquad (4.158)$$

in Zusammenhang mit (Gl. 4.19 bis 4.26)

$$\mu_a(a,b,c,d,\gamma)|_{\gamma_{max}} \geq \mu_{gr}, \qquad (4.159)$$

wobei

$$\mu_{gr} \in \,<0{,}5 \text{ rad}; 1 \text{ rad}>,$$

und zusammen mit den Begrenzungen $\hat{D}$, die durch das System der Ungleichungen beschrieben werden:

1. Lineare, die aus den konstruktiven Begrenzungen folgen:

$$a_1 \leq a \leq a_2; \quad b_1 \leq b \leq b_2; \quad c_1 \leq c \leq c_2; \quad d_1 \leq d \leq d_2$$

und bei Ausschließung der sog. symmetrischen Lösung $a \leq d$.

2. Nichtlineare, die aus der Übertragung anderer Zielfunktionen zu den Begrenzungen folgen:

   a) volle Länge des äußeren S_a und des inneren S_i Hydrauliklenkzylinders

   $$S_{a,0} \leq S_a(a,b,c,d,\gamma)|_{\gamma_{max}} \leq L_M + 2 \cdot H, \qquad (4.160)$$

   $$L_M + H \leq S_i(a,b,c,d,\gamma)|_{\gamma_{max}} \leq S_{i,0}. \qquad (4.161)$$

   Es bezeichnen:
   L_M – sog. Totlänge des Hydrauliklenkzylinders,
   H – volle Hublänge des Hydrauliklenkzylinders.

   b) Grenzwert des sog. äquivalenten Hebelarmes der Lenkkräfte, erzeugt im Hydrauliklenkzylinder eines Stangenlenkgetriebes

   $$h_E(a,b,c,d,D,d_s,\gamma)|_{\gamma_{max}} > h_{E,gr}, \qquad (4.162)$$

4.4 Optimale Struktur und Geometrie des Lenkgetriebes

wobei

$$h_{E,gr} = \frac{4 \cdot \hat{M}_{W,I}}{\pi \cdot \eta_L \cdot D^2 \cdot (p_{t,max} - p_z)} \qquad (4.163)$$

und

$\hat{M}_{W,I}$ - Gesamtlenkwiderstandsmoment eines Knickfahrzeugs, berechnet entsprechend dem in Kapitel 4.2 darstellten Algorithmus.

3. Grenzwert der Lenkzeit t_{gr} des knickgelenkten Fahrzeugs von der Anfangslage ($\gamma = 0$) zum maximalen Knickwinkel $\gamma = \gamma_{max}$ bei der Versorgung mit konstantem Ölstrom Q_L berechnet sich wie folgt

$$t(a,b,c,d,D,d_s,Q_L,\gamma)\big|_{0 \leq \gamma \leq \gamma_{max}} \leq t_{gr} . \qquad (4.164)$$

Die Werte $h_{E,gr}$ und t_{gr} werden gemäss den technischen Betriebsbedingungen des Nutzfahrzeugs mit Knicklenkung bestimmt. Die Ergebnisse der Polyoptimierungsberechnungen für die Eingabedaten:

γ_{max} = 0,794rad; c_1 = 0,05m; η_L = 0,98; H = 0,56m;
a_1 = 0,09m; c_2 = 0,90m; $p_{t,max}$ = 10MPa; L_M = 0,464m;
a_2 = 0,39m; d_1 = 0,98m; p_z = 0; D = 0,1m;
b_1 = 0,06m; d_2 = 1,36m; Q_L = 1,3·10^{-3} m^3/s;
b_2 = 0,38m; $\hat{M}_{W,I}$ = 32kNm; t_{gr} = 2s; d_s = 0,05m;

wurden in Abb. 4.39 und 4.40 dargestellt.

Tabelle 4.2. Ergebnisse der Optimierungsrechnung

L_{min}*)	μ_a	$\dfrac{a}{L_{min}}$	$\dfrac{b}{L_{min}}$	$\dfrac{c}{L_{min}}$	$\dfrac{d}{L_{min}}$	h_E	t
[m]	[rad]	[-]	[-]	[-]	[-]	[m]	[s]
1,024	0,558	0,205	0,371	0,662	1,011	0,577	2,27
	0,611	0,185	0,371	0,566	1,091	0,574	2,27
	0,698	0,163	0,371	0,410	1,195	0,563	2,29
	0,785	0,178	0,359	0,350	1,246	0,550	2,30
	0,872	0,196	0,351	0,295	1,291	0,569	2,31
	0,959	0,226	0,339	0,270	1,328	0,528	2,33

*) $L_{min} = L_M + H$

Die vorgestellten Resultate der Optimierungsberechnungen (Abb. 4.39) für die obigen Lösungen zeigen, dass das Viereck, dessen Spitzen die Befestigungspunkte der Lenkzylinder darstellen, ein Trapez mit einer deutlichen Differenz zur Parallelen sein sollte, Abb. 4.40.

102   4 Lenkparameter für Radfahrzeuge mit Knick- und Drehschemellenkung

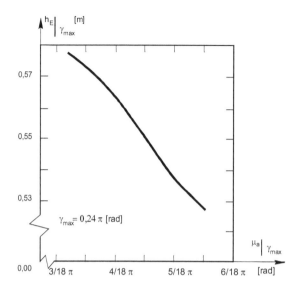

Abb. 4.39. "Polyoptimale" Punkte der Zwei-Kriterien-Lösung: Maximierung des äquivalenten Hebelarmes h_E und des Übertragungswinkels μ_a

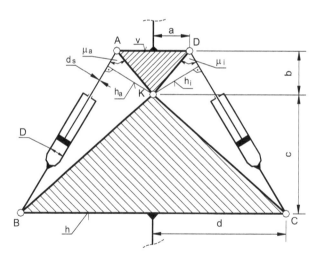

Abb. 4.40. Optimale Größenverhältnisse (maßstäblich) für die Geometrie eines Stangenlenkgetriebes

Die konkreten Verhältnisse der Trapezseiten hängen u.a. von den Konstruktionsparametern des Fahrzeugs und der Lenkzylinder ab. Die exakten Abmessungen lassen sich für jedes knickgelenktes Fahrzeug mit Computerprogrammen berechnen. Ein so berechnetes Lenksystem gewährleistet vor allem große Übertragungswinkel, die über die richtige Funktion und

Zuverlässigkeit entscheiden, sowie eine Minimierung des notwendigen Aufnahmevermögens der Hydrauliklenkzylinder bei Erhaltung des nötigen Lenkmoments des Lenkgetriebes.

5 Lenkverhalten von Radfahrzeugen mit beliebigen Lenksystemen

5.1 Probleme der Allradantriebe von Radfahrzeugen

Die Anwendung des Allradantriebs in Radfahrzeugen gewährleistet je nach Art und Zustand des Untergrunds eine effektive Ausnutzung des Fahrzeugsgewichts zur Generierung der maximalen Traktionskräfte an den Rädern. Wie in Punkt 3.1.1 schon erwähnt, wird zur Zeit, trotz verschiedener bekannter Lösungen von Allradantrieben, im Gelände bei vielen Radfahrzeugen sehr häufig der Fahrantrieb mit mechanischer Leistungsübertragung auf die Achsen verwendet. Bei diesem Fahrantrieb sind die Achsen in der Regel steif (ohne z.B. Zwischenachsdifferentiale oder Kupplungen) mit den Antriebswellen verbunden.

Beim Fahren des Fahrzeugs in schwerem Gelände bietet der steife Allradantrieb eine Reihe von Vorteilen. Anderseits jedoch sind mit so einem Antrieb wesentliche Probleme verbunden, die aus der sog. kinematischen Unstimmigkeit des Fahrgetriebes resultieren. In erster Linie sind für die kinematische Unstimmigkeit folgende Faktoren ausschlaggebend:

- die Differenz der Reifenradien zwischen Vorder- und Hinterachse, welche durch unterschiedliche Einfederung, unterschiedlichen Verschleiß und Fertigungstoleranzen ausgelöst werden,
- die Differenzen der Wenderadien der Achsmittelpunkte bei der Kurvenfahrt,
- die Differenzen des Bodenprofils unter den Reifen,
- die Differenzen der Gesamtübersetzung an Vorder- und Hinterachse der Maschine.

Als kinematischer Unstimmigkeitsgrad ε des Fahrgetriebes wurde das Verhältnis der Differenz der Winkelgeschwindigkeiten der Antriebskegelräder der Differentiale an Vorder- und Hinterachse zur größeren von diesen zwei Winkelgeschwindigkeiten der Antriebskegelräder (Abb. 5.1) angenommen, mit der Voraussetzung, dass die Räder des Fahrzeugs ohne Schlupf rollen (die Achsen sind also nicht miteinander gekoppelt)

106 5 Lenkverhalten von Radfahrzeugen mit beliebigen Lenksystemen

$$\varepsilon = \frac{\omega_{k,v} - \omega_{k,h}}{\max(\omega_{k,v}, \omega_{k,h})}, \quad (5.1)$$

wobei $-1 < \varepsilon < 1$ und $\omega_{k,v}$, $\omega_{k,h}$ – Winkelgeschwindigkeiten der Antriebskegelräder der Differential an Vorder- und Hinterachse.

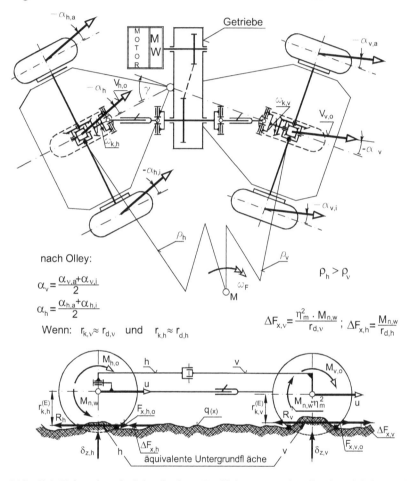

Abb. 5.1. Fahrt eines knickgelenkten Radfahrzeugs mit Allradantrieb im Fall einer kinematischen Unstimmigkeit des Fahrgetriebes; $V_{v,o}$, $V_{h,o}$ – theoretische Geschwindigkeiten der Mittelpunkte der Vorder- und Hinterachse, u – momentane Fahrgeschwindigkeit des Fahrzeugs, $r_{k,v}^{(E)}$, $r_{k,h}^{(E)}$ – äquivalente kinematische Radien der Vorderer- und Hinterachsräder, $M_{n,w}$ – Innen-Spannungsmoment (sog. Blindmoment) des Antriebssystems als Folge der kinematischen Unstimmigkeit, q(x) – Unebenheit des Untergrundprofils, R_v, R_h – Rollwiderstände der Vorder- und Hinterachse, $\delta_{z,v}$, $\delta_{z,h}$ – Einfederung der Vorder- und Hinterräder

Nach der Berücksichtigung der kinematischen Beziehungen am Fahrzeug (Abb. 5.1) kann die definitionsgerechte Gleichung in anderer allgemeiner Gestallt dargestellt werden [40, 108]

$$\varepsilon = \frac{\dfrac{\rho_v \cdot i_{A,v}}{r_{k,v}^{(E)}} - \dfrac{\rho_h \cdot i_{A,h}}{r_{k,h}^{(E)}}}{\max\left(\dfrac{\rho_v \cdot i_{A,v}}{r_{k,v}^{(E)}}, \dfrac{\rho_h \cdot i_{A,h}}{r_{k,h}^{(E)}}\right)}. \tag{5.2}$$

Es bezeichnen:
ρ_v, ρ_h – Wenderadien der Vorder- und Hinterachsmittelpunkte des Fahrzeugs, $i_{A,v}$, $i_{A,h}$ – Gesamtübersetzung der Vorder- und Hinterachse des Fahrzeugs.

Für die Geradeausfahrt des Radfahrzeugs nimmt der kinematische Unstimmigkeitsgrad ε eine vereinfachte Form an
wenn $r_{k,v}^{(E)} > r_{k,h}^{(E)}$ ist, gilt

$$\varepsilon = \frac{r_{k,h}^{(E)} \cdot i_{A,h}}{r_{k,v}^{(E)} \cdot i_{A,v}} - 1 < 0 \tag{5.3}$$

und wenn $r_{k,v}^{(E)} < r_{k,h}^{(E)}$ ist, gilt

$$\varepsilon = 1 - \frac{r_{k,v}^{(E)} \cdot i_{A,v}}{r_{k,h}^{(E)} \cdot i_{A,h}} > 0. \tag{5.4}$$

Wenn $\varepsilon > 0$, dann wollen die Achsen "sich aneinander nähern", hingegen wenn $\varepsilon < 0$, dann wollen sie sich "voneinander entfernen".
Wie aus der Gleichung resultiert, kann die kinematische Unstimmigkeit gleichzeitig mehrere Ursachen haben, welche sie in der Praxis teils vergrößern oder teils vermindern können. Im extremen Fall kann auch die resultierende kinematische Unstimmigkeit nahe Null sein. Die kinematische Unstimmigkeit führt zuerst zu einer Spielbeseitigung in den Komponenten des Fahrantriebs, dann werden mögliche elastische Verformungen der Fahrantriebsteile, der Reifen und des Bodens ausgenutzt und zuletzt kann sie zum Schlupf der Reifen führen. Bestimmte Einsatzbedingungen des Fahrzeugs sind für kinematische Unstimmigkeiten besonders gefährlich, hierbei ist es sogar möglich, dass der Schlupf an der Vorder- und Hinterachse gegenläufig wirkt. Das heißt, dass die Radumfangskräfte entgegen-

108   5 Lenkverhalten von Radfahrzeugen mit beliebigen Lenksystemen

gesetzt wirken (Abb. 5.2) [34]. Diese Phänomene bewirken, dass besonders auf Untergrund mit hohem Kraftschlussbeiwert der Reifen und kleinen Fahrwiderständen des Fahrzeugs, die sogenannte Blindleistung im Fahrantrieb entsteht. Sie bewirkt einige negative Aspekte, wie z.B. eine zusätzliche Erhöhung der Fahrwiderstände, einen vergrößerten Reifenverschleiß, erhöhte energetische Verluste sowie eine erschwerte Lenkfähigkeit Fahrzeugs.

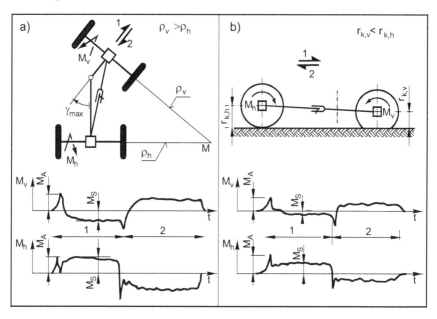

Abb. 5.2. Gemessene Momente an den Halbachsen der Knickmaschine mit Allradantrieb und mit Blindleistung im Fahrantriebs während der Fahrt auf dem Beton: L_v=0,7m; L_h=1,62m; γ=0,7 rad; M_A – Anlaufmoment, M_s – Moment in stationärer Bewegung

Eine kinematische Unstimmigkeit ist nicht immer gleichbedeutend mit dem Auftreten der Blindleistung. Diese hängt in hohem Maß vom Kompensationsvermögen des Fahrantriebs des Fahrzeugs ab. Die Verminderung der negativen Konsequenzen der kinematischen Unstimmigkeit werden vor allem durch eine große wirkende Zugkraft am Fahrzeug, einen kleinen Kraftschlussbeiwert zwischen Reifen und Untergrund sowie große tangentiale Verformbarkeit der Reifen und des Untergrundes bewirkt.

Drei typische Leistungsflüsse im Fahrantriebs eines Fahrzeugs mit Allradantrieb sind auf dem Abb. 5.3 dargestellt [40, 108].

Bei der Bewegung eines Fahrzeugs mit Allradantrieb (Abb. 5.4) drehen sich die Hinterräder, die einen kleineren Rollradius als die Vorderräder haben, um einen größeren Winkel als die Vorderräder. Im Fall des Auftretens von Blindleistung (Abb. 5.3 c) entsteht ein Spannungsmoment $M_{n,w}$ in den Elementen des Fahrgetriebes das die Vorder- und Hinterräder verbindet. In dem betrachteten Fall vergrößert das Spannungsmoment $M_{n,w}$ das Antriebsmoment $M_{v,o}$ der Vorderräder und vermindert gleichzeitig das Antriebsmoment $M_{h,o}$ auf den Hinterrädern, Abb. 5.4.

Das zusätzliche negative Spannungsmoment $M_{n,w}$ an der Hinterachse ist nicht gleich dem an der Vorderachse auftretenden positiven Moment.

Im betrachteten Fall wird das zusätzliche Moment $M_{n,w}$ von den Rädern der Hinterachse auf die Räder der Vorderachse übertragen. Die Übertragung des Spannungsmo4ments $M_{n,w}$ findet unter Teilnahme folgender Elemente des Fahrantriebs statt: Planetenendgetriebe der Hinterachse, Hauptgetriebe des Differentials der Hinterachse, hintere Welle, Getriebe, vordere Welle, Hauptgetriebe des Differentials der Vorderachse, Planetenendgetriebe der Vorderachse.

In Hinsicht auf die Leistungsverluste in den einzelnen Elementen des Antriebssystems (Abb. 5.4) wird das zusätzliche Spannungsmoment $M_{n,w}$,das auf die Räder der Vorderachse übertragen wird, um den Gesamtwirkungsgrad der entsprechenden Elemente des Antriebssystems (Abb. 5.4) vermindert und zwar

$$M_{n,w}^{(v)} = \eta_{v-h} \cdot M_{n,w} = \eta_{m,v} \cdot \eta_{m,h} \cdot M_{n,w}. \qquad (5.5)$$

In der Praxis kann man annehmen dass

$$\eta_{m,v} = \eta_{m,h} = \eta_m. \qquad (5.6)$$

Bei Einsetzung der Abhängigkeit (5.6) in die Gleichung (5.5) erhalten wir

$$M_{n,w}^{(v)} = M_{n,w} \cdot \eta_m^2. \qquad (5.7)$$

Experimentelle Untersuchungen des Wirkungsgrades der Antriebselemente von Nutzfahrzeugen zeigen, dass der Wirkungsgrad dieser Elemente stark von der Größe der übertragenen Momente abhängig ist und dass für kleine Werte dieser Momente die erhaltenen Wirkungsgrade kleiner sind als die in der Literatur angegebenen [108]. Diese Feststellungen sind sehr wichtig bei der Betrachtung des Wirkungsgrades eines Fahrantriebs in dem Blindleistung auftritt. Wie schon früher betont wurde, sind die kinematische Unstimmigkeit des Fahrantriebs und die damit verbundenen schädlichen Effekte der Blindleistung um so größer, je kleiner die Fahrwiderstände (kleinere Momente im Antriebsystem) des Nutzfahrzeugs sind.

110   5 Lenkverhalten von Radfahrzeugen mit beliebigen Lenksystemen

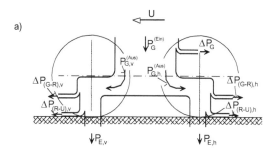

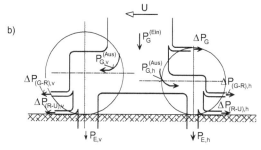

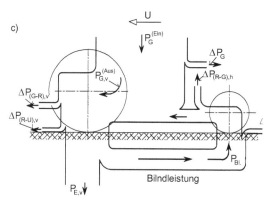

Abb. 5.3. Typische Varianten der Leistungsflüsse im Fahrantriebs eines Nutzfahrzeugs mit Allradantrieb (Belastung der Vorderer- und Hinterachse ist gleich);
a) Fahrantrieb ohne kinematische Unstimmigkeit, b) Fahrantrieb mit kinematischer Unstimmigkeit aber ohne Blindleistung, c) Fahrantrieb mit kinematischer Unstimmigkeit und mit Blindleistung. $P_G^{(Ein)}$ - Eingangsleistung des Getriebes, ΔP_G – Leistungsverluste im Getriebe, $P_{G,v}^{(Aus)}$, $P_{G,h}^{(Aus)}$ - Ausgangsleistungen des Getriebes entsprechend für vordere und hintere Antriebswelle des Fahrantriebs, $\Delta P_{(G-R),v}$, $\Delta P_{(G-R),h}$, $\Delta P_{(R-G),h}$ – Leistungsverluste zwischen Getriebe und Rädern der vorderen und hinteren Achse, $\Delta P_{(R-U),v}$, $\Delta P_{(R-U),h}$, $\Delta P_{(U-R),h}$ – Leistungsverluste in der Wechselwirkung der Räder mit dem Unterboden in vorderer und hinterer Achse, $P_{E,v}$, $P_{E,h}$ – effektive Leistung der vorderen und hinteren Achse

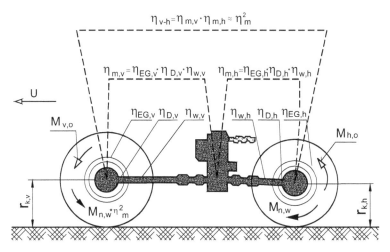

Abb. 5.4. Schema eines Fahrantriebs im Nutzfahrzeug
$\eta_{v\text{-}h}$ – gesamter Wirkungsgrad der Elemente mit Allradantrieb zwischen vorderen und hinteren Rädern, $\eta_{W,v}$, $\eta_{W,h}$ – Wirkungsgrad der vorderen und hinteren Antriebswellen mit gekoppelter Welle im Getriebe, $\eta_{D,v}$, $\eta_{D,h}$ – Wirkungsgrad der Differentialhauptgetriebe in vorderer und hinterer Achse, $\eta_{EG,v}$, $\eta_{EG,h}$ – Wirkungsgrad der Planetenendgetriebe in vorderer- und hinterer Achse, $\eta_{m,v}$, $\eta_{m,h}$ - Wirkungsgrad der Elemente, die zu vorderem und hinterem Teil des Fahrantriebs gehören

Beispiele der Ergebnisse von Untersuchungen eines Getriebes und einer Achse sind in Abb. 5.5 und Abb. 5.6 dargestellt.

Das innere Spannungsmoment $M_{n,w}$ im Fahrantriebs des Fahrzeugs, hervorgerufen durch die kinematische Unstimmigkeit ε, strebt zur Eliminierung dieser Unstimmigkeit. Die „selbsttätige" Eliminierung der kinematischen Unstimmigkeit ε im Fahrantrieb in Abhängigkeit von ihrer Größe sowie den Eigenschaften der Zusammenarbeit der Reifen mit dem Untergrund (Kraftschlussbeiwert – Schlupf –Kurven, Abb. 5.7) findet durch Abgleich der Rollradien der Vorder- und Hinterräder ($r_{t,v} = r_{t,h}$) in Folge von Formänderungsschlupf und/oder in Folge von Teilgleitschlupf der Reifen statt. In dem Augenblick in dem der Abgleich der Rollradien erfolgt, erreicht das Spannungsmoment $M_{n,w}$ den maximalen Wert.

Am in Abb. 5.7 dargestellten Kraftschlussbeiwert-Schlupf-Kurven kann man folgende Bereiche , z.B. für die Kurve 1, unterscheiden:

I – Haftbereich (Formänderungsschlupf).
IIa – Teilgleitbereich (stabil). Ein Teil der Flächenelemente in der Lauffläche haftet, ein Teil gleitet. In diesem Bereich stellt sich ein stationärer Schlupf ein.

112   5 Lenkverhalten von Radfahrzeugen mit beliebigen Lenksystemen

IIb – Teilgleitbereich (instabil). Wenn $\mu_{x,max}$ überschritten wird, wird μ_{max} kleiner.
Beim Schlupf $S_x = 1$ (100%) gleitet der Reifen.

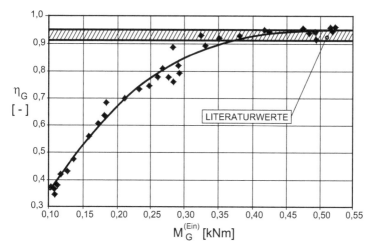

Abb. 5.5. Gemessene Werte des Wirkungsgrades η_G eines Getriebes in Abhängigkeit vom Eingangsmoment $M_G^{(Ein)}$ dieses Getriebes während der Fahrt (1.Gang) eines Radladers auf Beton [108]

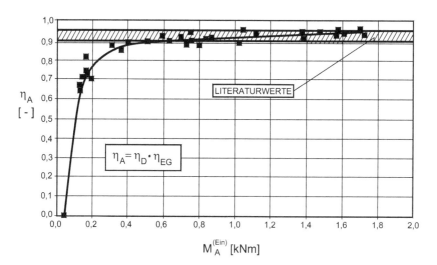

Abb. 5.6. Gemessene Werte des Wirkungsgrades η_A einer Achse in Abhängigkeit vom Eingangsmoment $M_G^{(Ein)}$ dieser Achse während der Fahrt (1.Gang) eines Radladers auf Beton

Durchgeführte Analysen und Untersuchungen [34] und [108] haben gezeigt, dass kinematische Unstimmigkeit ε des Fahrantriebs seinen Wirkungsgrad vermindert. Die Verminderung des Wirkungsgrades ist besonders wesentlich für die Praxis bei Werten der kinematischen Unstimmigkeit ε_{Bl}, die Blindleistung im Antriebssystem hervorrufen (Abb. 5.3c). Daraus resultiert, dass man den Wirkungsgrad des Fahrantriebs schreiben kann

$$\eta_{v-h} = \eta_{v-h}^{(0)} \cdot \eta_{Bl}. \tag{5.8}$$

Es bezeichnen:

$\eta_{v-h}^{(0)}$ – Gesamtwirkungsgrad der Elemente zwischen den Vorder- und Hinterrädern des Fahrantriebes (Abb. 5.4) ohne Blindleistung, η_{Bl} – Wirkungsgradkomponente eines Fahrantriebes die aus kinematischer Unstimmigkeit ε_{Bl} und mit ihr verbundener Blindleistung resultiert.

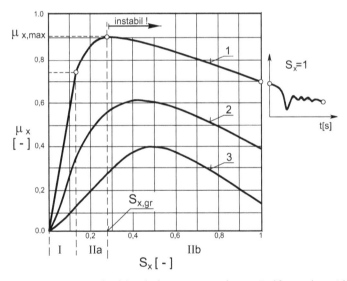

Abb. 5.7. Kraftschlussbeiwert μ_x eines Reifens in Abhängigkeit vom Längsschlupf S_x bei verschiedenen Unterböden: 1-fester Unterboden (z.B. Beton, Asphalt), 2- nachgiebiger Unterboden, 3- sehr weicher Unterboden

Für ein Antriebssystem in dem die erzwungene Abgleichung der Rollradien beider Achsen des Fahrzeugs nur in Folge des Formänderungsschlupfs an der Berührungsfläche der Reifen mit dem Unterboden erfolgte (I. Haftbereich, Abb. 5.7) kann man die Wirkungsgradkomponente

114   5 Lenkverhalten von Radfahrzeugen mit beliebigen Lenksystemen

$\eta_{Bl}^{(I)}$, die aus der Blindleistung resultiert, durch die Abhängigkeit [108] ausdrücken:

$$\eta_{Bl}^{(I)} = 1 - \frac{2 \cdot |\varepsilon_{Bl}| \left[\max\left(r_{k,v}^{(E)}, r_{k,h}^{(E)}\right)\right] \cdot \left(1 - \eta_m^2\right)}{\chi \cdot \left(\eta_m^2 + 1\right) \cdot M_G^{(Aus)} \cdot i_A \cdot \eta_m} + \frac{1 - \eta_m^2}{1 + \eta_m^2}, \quad (5.9)$$

in welcher

$$\chi = \frac{1}{c_{M,\delta_z}} \quad \text{und} \quad c_{M,\delta_z} = \frac{\partial M}{\partial \delta_z}\left[\frac{Nm}{m}\right].$$

Es bezeichnen:

c_{M,δ_z} – sog. gekoppelte Umfangssteifigkeitscharakteristik des Paares Reifen-Untergrund; $M_G^{(Aus)}$ – Ausgangsmoment des Getriebes eines Fahrantriebes.

In Abb. 5.8 und in Abb. 5.9 sind Wirkungsgradkomponenten $\eta_{Bl}^{(I)}$ eines Fahrantriebes, die aus seiner Blindleistung resultieren, an einer Beispielrechnung dargestellt.

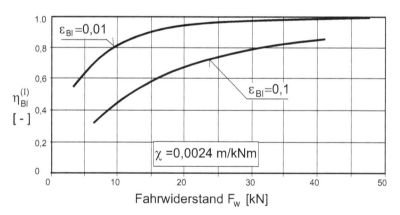

Abb. 5.8. Einfluss der Fahrwiderstände einer mobilen Maschine und kinematischer Unstimmigkeiten ε_{Bl} auf die Wirkungsgradkomponente $\eta_{Bl}^{(I)}$ eines Fahrantriebes [108]

Für ein Antriebssystem in welchem die Abgleichung der Rollradien der Räder beider Achsen in Folge von Schlupf im II-Teilgleitbereich, Abb. 5.7 an der Berührungsstelle der Reifen mit dem Untergrund, z.B. der Vorderachse (Abb. 5.4) erfolgte, kann man die Wirkungsgradkomponente des

Fahrantriebsystems $\eta_{Bl}^{(II)}$, die aus der Blindleistung resultiert, aus der Abhängigkeit [108] bestimmen

$$\eta_{BL}^{(II)} = \frac{G_{A,v} \cdot \mu_x(S_x) \cdot r_d}{M_G^{(Aus)} \cdot i_A \cdot \eta_m} \left(1 - \frac{1}{\eta_m^2}\right) + \frac{1}{\eta_m^2}. \qquad (5.10)$$

Es bezeichnen:
$G_{A,V}$ - Achslast der Vorderachse, r_d – dynamischer Radius der Vorderräder.

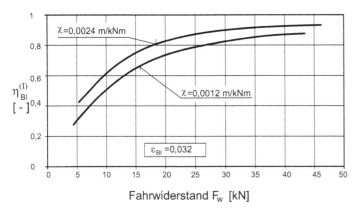

Abb. 5.9. Einfluss der Fahrwiderstände eines Nutzfahrzeugs und der Umfangsdeformierbarkeiten χ der Reifen auf die Wirkungsgradkomponente $\eta_{Bl}^{(I)}$ eines Fahrantriebes [108]

Für praktische Berechnungen kann man annehmen, dass der dynamische Radius des Rades r_d annähernd dem kinematischen Radius r_k ist

$$r_d \approx r_k. \qquad (5.11)$$

In Abb. 5.10 sind Wirkungsgradkomponenten $\eta_{Bl}^{(II)}$ eines Fahrantriebes, die aus seiner Blindleistung resultieren, an einer Beispielrechnung dargestellt.

Die in den Abb. 5.8 und 5.9 dargestellten Abhängigkeiten beweisen die Beobachtung aus der Praxis, dass für die Verminderung der aus der Blindleistung des Fahrantriebs resultierenden Wirkungsgradkomponente η_{Bl} nützlich sind:

– große Werte der kinematischen Unstimmigkeit,
– kleine Fahrwiderstände des Fahrzeugs,
– große Werte des Kraftschlussbeiwertes,

116 5 Lenkverhalten von Radfahrzeugen mit beliebigen Lenksystemen

– kleine Werte der Umfangsdeformierbarkeiten des Paares Reifen-Untergrund.

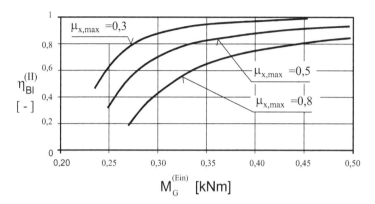

Abb. 5.10. Einfluss der Eingangsmomente $M_G^{(Ein)}$ eines Getriebes (entspr. den Fahrwiderständen eines Nutzfahrzeugs) und Kraftschlussbeiwerte $\mu_{x,max}$ Reifen-Unterboden auf die Wirkungsgradkomponente $\eta_{BL}^{(II)}$ eines Fahrantriebes [108]

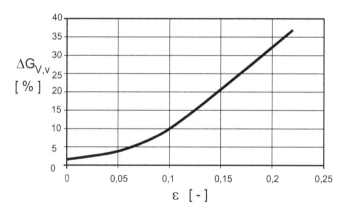

Abb. 5.11. Einfluss der kinematischen Unstimmigkeit ε auf Prozentzunahme des Kraftstoffverbrauches $\Delta G_{V,v}$ eines Nutzfahrzeugs mit Allradantrieb (4x4) und mit lenkbaren vorderen Räder während der Kurvenfahrt auf Beton bezogen auf ein gleiches Nutzfahrzeug mit Vorderradantrieb [108]

Eine wesentliche Konsequenz der Verminderung des Wirkungsgrades des Fahrantriebs des Fahrzeugs ist eine Steigerung des Kraftstoffverbrauchs des Antriebsmotors. Als Beispiel sind in Abb. 5.11 [108] Ergebnisse des relativen, volumenmäßigen Kraftstoffverbrauchs eines Nutzfahrzeugs mit gelenkten Vorderrädern und mit Allradantrieb bei

Kurvenfahrt auf Beton, bezogen auf den Kraftstoffverbrauch $\Delta G_{V,v}$ eines Nutzfahrzeug mit Vorderradantrieb, dargestellt.

In Fahrzeugen mit Allradantrieb werden verschiedene technische Methoden zur Vermeidung der kinematischen Unstimmigkeit des Fahrantriebs und ihrer schädlichen Folgen angewendet [49, 82], [157]. In Geländemaschinen, z.B. Baumaschinen, haben Zwischenachsdifferentialgetriebe praktisch keine Verwendung gefunden, denn es könnte unter gewissen Betriebsbedingungen zu einer beträchtlichen Verminderung der Traktionseigenschaften des Fahrzeugs führen. In diesen Maschinen werden in der Regel Trennkupplungen zur manuellen Abschaltung der Maschinenachsen durch den Maschinisten verwendet. In solchen Fällen ist die Einschätzung der Notwendigkeit des Ein- oder Abschaltens der Kupplung subjektiv und wird nicht immer rechtzeitig durchgeführt. Die kinematische Unstimmigkeit kann auch durch entsprechende Druckregelung in den Reifen wesentlich vermindert werden.

Abb. 5.12 zeigt die Konzeption eines Systems zur automatischen Abschaltung einer der Fahrzeugachsen im Fall des Auftretens kinematischer Unstimmigkeit und ihrer erneuten Einschaltung beim Abklingen der Unstimmigkeit [57].

Die Einrichtung arbeitet nach dem Prinzip der radialen Versetzungen in den Lagern der Endstücke der Antriebswellen. Ohne wesentliche kinematische Unstimmigkeit (keine Innenspannung im Fahrantriebs) versetzen sich die Endstücke der Welle im Bereich des Radialspiels in entgegengesetzter Richtung. Beim Auftreten innerer Spannungen stimmen die Versetzungen überein.

Beim Aufbau des mathematischen Modells der kinematischen Unstimmigkeit eines beliebigen Mehrachsfahrzeugs wurden die zweirädrigen Achsen dieses Fahrzeugs unter Verwendung des energetischen Kriteriums durch je ein äquivalentes Rad ersetzt (Abb. 5.13). Unter diesen Voraussetzungen kann ein beliebiges Mehrachsfahrzeug wie in Abb. 5.14 dargestellt werden.

Wie aus Abb. 5.14 resultiert, kann ein beliebiges Mehrachsfahrzeug in viele miteinander verbundene zweiachsige Maschinen mit verschiedenen Lenksystemen unterteilt werden. Die genaue Analyse zeigt, dass jedes Fahrzeug mit sog. geometrischer Lenkung ein besonderer Fall eines Knickgelenkfahrzeugs mit gelenkten Vorder- und Hinterrädern ist (Abb. 5.15).

Damit können nach Abb. 5.16 die Wenderadien der Achsmittelpunkte eines Zweiachsfahrzeugs mit beliebigen geometrischen Lenksystem bestimmt werden

118 5 Lenkverhalten von Radfahrzeugen mit beliebigen Lenksystemen

$$\rho_i = \left| \frac{L_i \cdot \cos[\gamma_{ij} + (-\delta_j - \alpha_j)] + L_j \cdot \cos(\delta_j + \alpha_j)}{\sin[\gamma_{ij} + (\delta_j + \alpha_i) + (-\delta_j - \alpha_j)]} \right|, \tag{5.12}$$

$$\rho_j = \left| \frac{L_i \cdot \cos(\delta_j + \alpha_j) + L_j \cdot \cos[\gamma_{ij} + (+\delta_j + \alpha_j)]}{\sin[\gamma_{ij} + (\delta_j + \alpha_i) + (-\delta_j - \alpha_j)]} \right|, \tag{5.13}$$

wobei i ≡ v, j ≡ h.

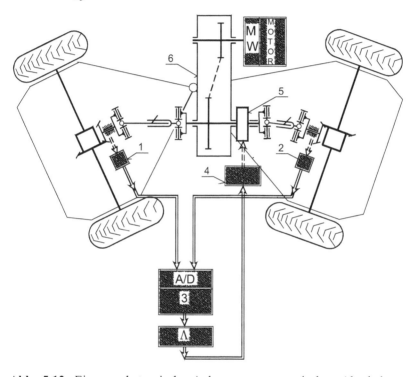

Abb. 5.12. Eine mechatronische Anlage zur automatischen Abschaltung einer Achse eines Fahrzeugs mit Allradantrieb, 1, 2 – Aufnehmer der radialen Versetzungen in den Lagern, 3 – Mikroprozessor, 4 – Elektroventil, 5 – Trennkupplung, 6 – Getriebe

Zur Bestimmung der entsprechenden Wenderadien eines Fahrzeugs mit lenkbaren Vorderrädern ist in den allgemeinen Formeln (5.12 und 5.13) anzunehmen

$$L_i = 0, \ L_j = L, \ \gamma_{ij} = 0 \ \text{sowie} \ \delta_j = 0.$$

5.1 Probleme der Allradantriebe von Radfahrzeugen 119

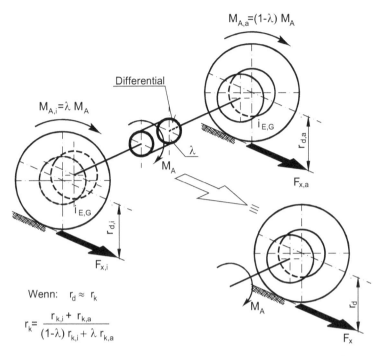

Abb. 5.13. Reduktion der Zweiradachse eines Fahrzeugs zu einem äquivalenten Rad: λ - sog. Aufteilungsfaktor des Differentiales

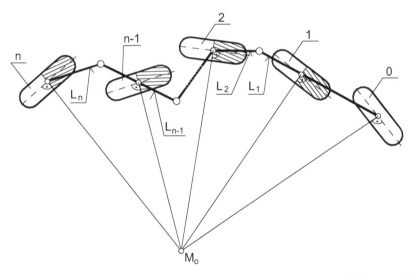

Abb. 5.14. Schema eines beliebigen Mehrachsfahrzeugs, 0- nicht angetriebene Achse, 1,2,...,(n-1), n – angetriebene Achsen, $L_1, L_2, ..., L_n$ – Länge der einzelnen Glieder eines beliebigen Fahrzeugs, M_o – Momentanpol

120 5 Lenkverhalten von Radfahrzeugen mit beliebigen Lenksystemen

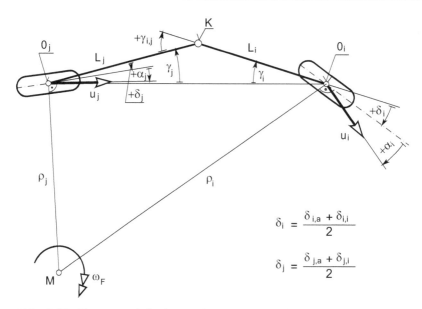

Abb. 5.15. Einspurmodell eines Fahrzeugs mit beliebigem geometrischem Lenkungssystem: δ_i, δ_j – Lenkwinkel des vorderen- und hinteren Rades eines äquivalenten Fahrzeugs

Bei Rückwärtsfahrt des Fahrzeugs sind in den obigen Formeln die Indizes "i" in "j" und umgekehrt zu vertauschen.

Durch Einstellen der Abhängigkeit (5.12) und (5.13) in die Formel (5.2) können wir die kinematische Unstimmigkeit eines Fahrzeugs mit beliebigem geometrischen Lenksystem und mit Berücksichtigung aller wesentlichen Parameter berechnen.

Ein beliebiges Mehrachsfahrzeug mit n angetriebenen Achsen kann man in $\binom{n}{2} = \frac{1}{2} \cdot n \cdot (n-1)$ zweiachsige Fahrzeuge unterteilen und für jede von ihnen die kinematische Unstimmigkeit ε ihres Fahrantriebes unter Benutzung der Abhängigkeiten (5.2), (5.12) und (5.13) bestimmen. Beispiele der Berechnungsergebnisse der kinematischen Unstimmigkeit ε als Funktion des Lenkwinkels für beliebige Lenksysteme sind in Abb. 5.17 dargestellt. In der Berechnungen wurden die Schräglaufwinkel der Reifen, die bei diesem Problem keine wesentliche Bedeutung haben, vernachlässigt.

Wie aus Abb. 5.17 resultiert, sind bezüglich der kinematischen Unstimmigkeit ε, und im Zusammenhang damit der Effektivität des Allradantriebs, Fahrzeuge mit gelenkten Vorderrädern am schlechtesten (gilt auch für Fahrzeuge mit Drehschemellenkung) und dann Fahrzeuge mit gelenkten Hinterrädern. Günstiger sind Nutzfahrzeuge mit Knickgelenkung, wobei sich ihre kinematische Unstimmigkeit Null nähert, wenn das Knickgelenk nahe der Mitte des Achsabstandes angeordnet ist ($L_V/L_V+L_h = 0.5$). Fahrzeuge mit vier gelenkten Rädern haben eine "kinematische Unstimmigkeitsempfindlichkeit" annähernd gleich den Knickgelenkfahrzeuge mit zentralem Knickgelenk.

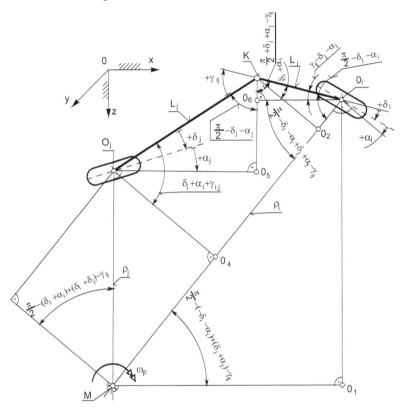

Abb. 5.16. Schema zur Bestimmung der Wenderadien eines Fahrzeugs mit beliebigem geometrischem Lenksystem

In Abb. 5.18 ist ein Vergleich verschiedener Lenksysteme nach ihrer "kinematischen Unstimmigkeitsempfindlichkeit" unter der Voraussetzung gleicher Wenderadien dargestellt.

Interessante Eigenschaften haben hingegen kombinierte Lenksysteme (Knick-Gelenkmaschine mit gelenkten Rädern). Aus Abb. 5.18 resultiert, dass bei gewissen Werten des Knickwinkels γ sowie des Rad-Lenkwinkels δ, die kinematische Unstimmigkeit nahe Null ist. Das kann als Voraussetzung für das Konzept einer adaptiven Steuerung kombinierter Lenksysteme betrachtet werden.

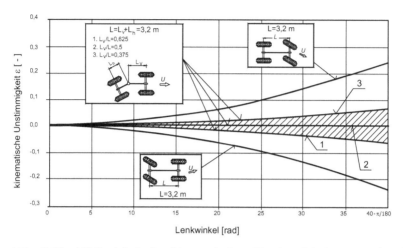

Abb. 5.17. Abhängigkeit der kinematischen Unstimmigkeit ε von der Art des Lenksystems des Fahrzeugs sowie von der Anordnung des Knickgelenkes $L_v/(L_v+L_v)$ für eine Knick-Gelenkmaschine

5.2 Simulationsanalyse des Lenk- und Fahrverhaltens

Die Bewegung eines Nutzfahrzeugs findet unter zusammengesetzten Bedingungen der äußeren Einwirkungen statt. Manche von ihnen ändern sich in bestimmten Grenzen entsprechend dem Willen des Fahrers, z.B. die Antriebskraft, andere sind vom Fahrer unabhängig, z.B. Roll- und Windwiderstände oder auch dynamische Belastungen, die aus der Fahrt auf Unebenheit resultieren [102, 107, 158, 167]. Diese Störungen, die in der Regel stochastischen Charakter haben, wie auch die für die gegebenen Betriebsbedingungen gewählte konstruktive Lösung des Nutzfahrzeugs sowie die Qualifikation und die psycho-physische Prädispositionen des Fahrers haben zur Folge, dass eine Diskrepanz zwischen den gewählten und den tatsächlichen Bewegungsparametern des Fahrzeugs aufkommt (Abb. 5.19).

Der Fahrer kann mit Hilfe der Betätigungseinrichtung die Bewegung des Fahrzeugs nur in der Horizontalebene verändern. Die Bewegung des Fahrzeugs in der Vertikalebene hingegen ist nicht gelenkt, aber mit vertikalen Vibrationen usw. verbunden. Deshalb ist es bei der Betrachtung des Lenkverhaltens des Systems Fahrer-Fahrzeug-Umwelt zweckmäßig, die Bewegung dieses System als in einer Ebene liegend zu betrachten und die Unebenheiten des Untergrundes und aller Arten von Vibrationen des Fahrzeugs zu vernachlässigen. Außerdem ist zu betonen, dass die richtige Konstruktion und der Betrieb von Nutzfahrzeugen den Einfluss der Eigenschaften des Maschinisten auf das Lenkverhalten des Systems Fahrer-Fahrzeug-Umwelt ausschließt. Dementsprechend werden in den weiteren Erwägungen die Eigenschaften des Fahrers als Glied des Lenksystems als gegeben betrachtet.

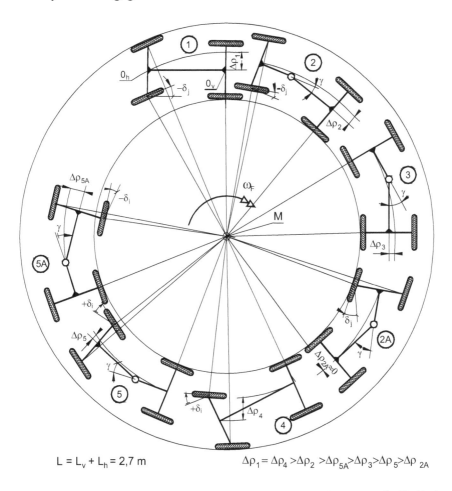

$L = L_v + L_h = 2{,}7$ m $\qquad \Delta\rho_1 = \Delta\rho_4 > \Delta\rho_2 > \Delta\rho_{5A} > \Delta\rho_3 > \Delta\rho_5 > \Delta\rho_{2A}$

Abb. 5.18. Vergleich beliebiger Lenksysteme im Aspekt ihrer „Empfindlichkeit" auf kinematische Unstimmigkeit

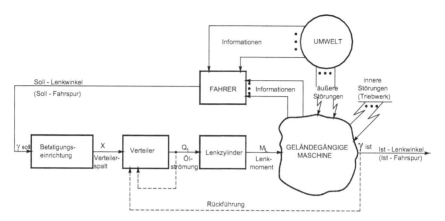

Abb. 5.19. Gegenseitige Beeinflussung Fahrer-Fahrzeug-Umwelt beim Lenk- und Fahrverhalten von Nutzfahrzeugen

5.2.1 Diskretes Modell eines Radfahrzeugs mit beliebigem Lenksystem

Das universelle Modell eines Zweiachs-Radfahrzeuge besitzt zwei Gelenke, die das Fahrzeug in drei Glieder 1, 2, 3 unterteilen. Ein Gelenk ist im Anlenkpunkt der Hinterachse am Rahmen des Fahrzeugs angeordnet, das zweite Gelenk kann sich an einer beliebigen Stelle zwischen den Achsen befinden (Abb. 5.20).

Jedes der Glieder ist durch die Masse m_i gekennzeichnet, die im Schwerpunkt des Gliedes konzentriert ist, sowie durch das in diesem Punkt reduzierte Massenträgheitsmoment I_i.

Bei der Formulierung des mathematischen Modells wurden folgende Voraussetzungen gemacht:

1. Das Fahrzeug bewegt sich mit konstanter Geschwindigkeit U, d.i. die Geschwindigkeit der Masse m_1 entlang der Achse OX_1.
2. Auf beide Räder einer Achse wirken gleiche Antriebsmomente.
3. Die Normalreaktionen des Untergrundes sind auf beide Räder einer Achse gleich. ($F_{z,1}=F_{z,2}$ und $F_{z,3}=F_{z,4}$ Abb. 5.21). Für die im weiteren Teil der Arbeit betrachteten kleinen Lenkwinkel des Knickgelenkfahrzeugs ist diese Voraussetzung richtig.

Die Normalreaktionsverteilung der Räder eines Fahrzeugs bestimmen nach Abb. 5.20 folgende Gleichungen

$$F_{z,F} = -\frac{g \cdot m_1 \cdot (l_1 + l_2 - x_{1F}) + g \cdot m_2 \cdot (-x_{2R})}{l_1 + l_2}, \qquad (5.14)$$

$$F_{z,R} = -\frac{g \cdot m_1 \cdot x_{1F} + g \cdot m_2 \cdot [l_1 + l_2 - (-x_{2R})] + g \cdot m_3 \cdot (l_1 + l_2)}{l_1 + l_2}, \qquad (5.15)$$

$$F_{z,1} = F_{z,2} = 0{,}5 \cdot F_{z,F}, \qquad (5.16)$$

$$F_{z,3} = F_{z,4} = 0{,}5 \cdot F_{z,R}, \qquad (5.17)$$

wobei g – Erdbeschleunigung.

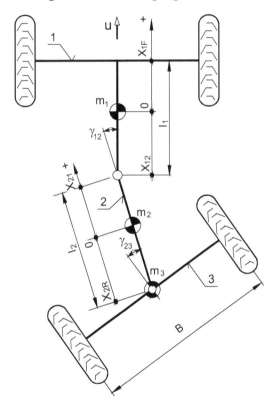

Abb. 5.20. Diskretes Modell eines zweiachsigen Radfahrzeugs mit beliebigem Lenksystem

Zur Aufstellung von Bewegungsgleichungen des diskreten Modells einer Maschine mit beliebigem Lenksystem wurde die synthetische Methode

126　5 Lenkverhalten von Radfahrzeugen mit beliebigen Lenksystemen

von D'Alembert verwendet, nach der für jedes der Glieder die Gleichung geschrieben werden kann [16]:
– auf das i-te Glied wirkende Längskräfte

$$m_i \cdot (\dot{U}_i - r_i \cdot v_i), \qquad (5.18)$$

– auf das i-te Glied wirkende Querkräfte

$$m_i \cdot (\dot{v}_i - r_i \cdot v_i), \qquad (5.19)$$

– auf das i-te Glied wirkende Momente

$$I_i \cdot \dot{r}_i. \qquad (5.20)$$

Es bezeichnen:
$\dot{r}_i$ – Winkelbeschleunigung im Schwerpunkt des Gliedes i; $\dot{U}_i, \dot{v}_i$ – Längs-, Querbeschleunigung der Masse m_i.

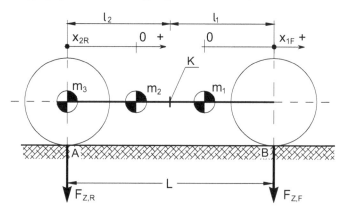

Abb. 5.21. Schema zur Bestimmung der Normalreaktionen der Räder eines Fahrzeugs

Damit werden nach Abb. 5.22 die Bewegungsgleichungen des analysierten Maschinenmodells bestimmt.
Nach Beseitigung der abhängigen Größen und Reduktion wurde das System von 9 Gleichungen auf 5 Gleichungen reduziert

$$m_0 \cdot \dot{U}_1 + G \cdot \sin\gamma_{21} \cdot \dot{r}_2 = b_1 + F_1, \qquad (5.21)$$

$$m_0 \cdot \dot{v}_1 + \left[(m_2 + m_3) \cdot x_{12}\right] \cdot \dot{r}_1 - G \cdot \cos\gamma_{21} \cdot \dot{r}_2 = b_2 + F_2, \qquad (5.22)$$

$$-m_1 \cdot x_{12} \cdot \dot{v}_1 + I_1 \cdot \dot{r}_1 = b_3 + F_3, \qquad (5.23)$$

$$G \cdot \sin\gamma_{21} \cdot \dot{U}_1 - G \cdot \cos\gamma_{21} \cdot \dot{v}_1 - x_{12} \cdot G \cdot \cos\gamma_{21} \cdot \dot{r}_1 +$$
$$+ (I_2 + m_2 \cdot x_{21}^2 + m_3 \cdot l_2^2) \cdot \dot{r}_2 = b_4 + F_4, \quad (5.24)$$

$$I_3 \cdot \dot{r}_2 = b_5 + F_5, \quad (5.25)$$

wobei

$$G = m_2 \cdot x_{21} + m_3 \cdot l_2, \quad (5.26)$$

$$m_0 = m_1 + m_2 + m_3, \quad (5.27)$$

$$b_1 = m_0 \cdot v_1 \cdot r_1 + (m_2 + m_3) \cdot x_{12} \cdot r_1^2 - G \cdot \cos\gamma_{21} \cdot r_2^2, \quad (5.28)$$

$$b_2 = -m_0 \cdot U_1 \cdot r_1 - G \cdot \sin\gamma_{21} \cdot r_2^2, \quad (5.29)$$

$$b_3 = m_1 \cdot x_{12} \cdot U_1 \cdot r_1, \quad (5.30)$$

$$b_4 = G \cdot (\cos\gamma_{21} \cdot U_1 + \sin\gamma_{21} \cdot v_1) \cdot r_1 + x_{12} \cdot G \cdot \sin\gamma_{21} \cdot r_1^2, \quad (5.31)$$

$$b_5 = 0, \quad (5.32)$$

$$F_1 = X_1 + X_2 + \cos\gamma_{31}(X_3 + X_4 - \hat{H} \cdot \cos\zeta) +$$
$$- \sin\gamma_{31} \cdot (Y_3 + Y_4 - \hat{H} \cdot \sin\zeta) - W, \quad (5.33)$$

$$F_2 = Y_1 + Y_2 + \sin\gamma_{31}(X_3 + X_4 - \hat{H} \cdot \cos\zeta) +$$
$$+ \cos\gamma_{31} \cdot (Y_3 + Y_4 - \hat{H} \cdot \sin\zeta), \quad (5.34)$$

$$F_3 = M_1 + l_1 \cdot (Y_1 + Y_2) + M_{z,1} + M_{z,2} + 0{,}5 \cdot B \cdot (X_1 - X_2), \quad (5.35)$$

$$F_4 = M_2 - l_2 \cdot [\sin\gamma_{32} \cdot (X_3 + X_4 - \hat{H} \cdot \cos\zeta) +$$
$$+ \cos\zeta_{32} \cdot (Y_3 + Y_4 - \hat{H} \cdot \sin\zeta)], \quad (5.36)$$

$$F_5 = M_3 + M_{z,3} + M_{z,4} + 0{,}5 \cdot B \cdot (X_3 - X_4). \quad (5.37)$$

128 5 Lenkverhalten von Radfahrzeugen mit beliebigen Lenksystemen

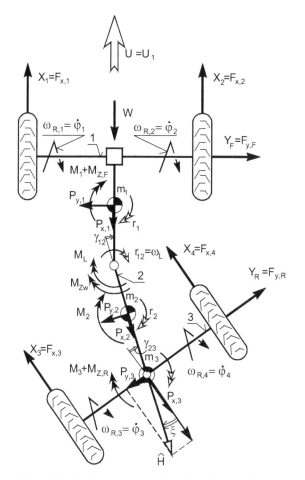

Abb. 5.22. Belastungsverteilung in einem diskreten Modell eines Fahrzeugs mit beliebigem Lenksystem

Zur Linearisierung dieser Gleichungen wird angenommen, $U_1 = U =$ konst., $\cos\gamma_{ji}=1$, $\sin\gamma_{ji}=\gamma_{ji}$ (ji=21, 32, 31). Die v_1, r_2^2, r_1^2 enthaltenden Produkte wurden als Null angenommen.

Die linearisierten Gleichungen haben die Gestalt

$$m_0 \cdot \dot{v}_1 + (m_2 + m_3) \cdot x_{21} \cdot \dot{r}_1 - G \cdot \dot{r}_2 = -m_0 \cdot U \cdot r_1 + Y_F + Y_R + \\ + (X_3 + X_4 - \hat{H} \cdot \cos\zeta) \cdot \gamma_{21} + (X_3 + X_4 - \hat{H} \cdot \cos\zeta) \cdot \gamma_{32} - \hat{H} \cdot \sin\zeta \quad , \tag{5.38}$$

$$-m_1 \cdot x_{12} \cdot \dot{v}_1 + I_1 \cdot \dot{r}_1 = m_1 x_{12} U \cdot r_1 + M_1 + l_1 Y_F + M_{z,F} + \\ + 0{,}5 \cdot B \cdot \Delta x_F \quad , \tag{5.39}$$

5.2 Simulationsanalyse des Lenk- und Fahrverhaltens

$$-G \cdot \dot{v}_1 - G \cdot x_{12} \cdot \dot{r}_2 + \left(I_1 + m_2 \cdot x_{21}^2 + m_3 \cdot l_2^2\right) \cdot \dot{r}_2 = G \cdot U \cdot r_1 + \\ + M_2 - l_2 \cdot Y_R - (\gamma_{21} + \gamma_{32}) \cdot l_2 \cdot \left(X_3 + X_4 - \hat{H} \cdot \cos \zeta\right) \quad , \tag{5.40}$$

$$I_3 \cdot \dot{r}_3 = M_3 + M_{z,R} + 0{,}5 \cdot B \cdot \Delta X_R \, , \tag{5.41}$$

$$Y_F = F_{Y,F} = F_{Y,1} + F_{Y,2} \qquad Y_R = F_{Y,R} = F_{Y,3} + F_{Y,4} \, , \tag{5.42}$$

$$M_{z,F} = M_{z,1} + M_{z,2} \qquad M_{z,R} = M_{z,3} + M_{z,4} \, , \tag{5.43}$$

$$\Delta X_F = X_1 - X_2 \qquad \Delta X_R = X_3 - X_4 \, , \tag{5.44}$$

wobei

$M_{z,F}, M_{z,R}$ – Rückstellmomente der Räder der Vorder- und Hinterachse.

Die Abhängigkeit zwischen den Winkeln γ_{21} und γ_{32} bestimmt das Verhältnis

$$a_\gamma = \frac{\gamma_{32}}{\gamma_{21}} \, . \tag{5.45}$$

Wenn dieses statische Verhältnis sich ändert, erscheint das Moment M_3, das von der Steifigkeit k_{13} der Kopplung der Glieder 1 und 3 und vom Dämpfungskoeffizienten c_{13} abhängt (Abb. 5.23)

$$M_3 = k_{13} \cdot \left(a_\gamma \cdot \gamma_{21} - \gamma_{32}\right) + c_{13} \cdot \left(a_\gamma \cdot \dot{\gamma}_{21} - \dot{\gamma}_{32}\right). \tag{5.46}$$

Bei der Formulierung des mathematischen Modells eines Radfahrzeugs mit beliebigem Lenksystem können wir zwei Optionen annehmen: Nichtberücksichtigung oder Berücksichtigung des Modells der Lenkanlage. Im Fall der Nichtberücksichtigung des Modells der Lenkanlage kann man annehmen, dass das das Gleichgewicht der Anlage wiederherstellende Moment durch die Drehelastizität k_{12} und die Dämpfung c_{12} im Knickgelenk erzeugt wird.

Bei Berücksichtigung des Modells der Lenkanlage wird von ihr ein Lenkmoment M_L generiert (Formel 3.36), das auf beide Maschinenglieder wirkt. Allgemeine Formeln für die inneren Momente, die auf Glied 1 und Glied 2 der Maschine einwirken und die die obigen Optionen berücksichtigen, kann man darstellen:

$$M_1 = -M_L + M_{Zw} + k_{12} \cdot \gamma_{21} + c_{12} \cdot \gamma_{21} + k_{13} \cdot (a_\gamma \cdot \gamma_{21} - \gamma_{32}) + \\ + c_{13} \cdot (a_\gamma \cdot \gamma_{21} - \gamma_{32})$$ (5.47)

$$M_2 = M_L - M_{Zw} - k_{12} \cdot \gamma_{21} - c_{12} \cdot \gamma_{21} - 2 \cdot k_{13} \cdot (a_\gamma \cdot \gamma_{21} - \gamma_{32}) + \\ - 2 \cdot c_{13} \cdot (a_\gamma \cdot \gamma_{21} - \gamma_{32})$$ (5.48)

wobei M_{Zw} – äußeres Moment der auf das Fahrzeug wirkenden Störungen.

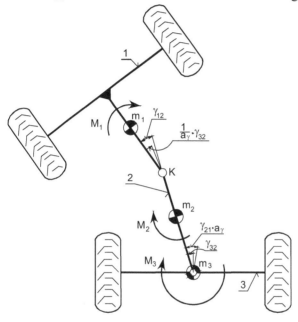

Abb. 5.23. Schema zur Bestimmung der inneren Momente, die auf die Glieder eines Fahrzeugs mit beliebigem Lenksystem wirken

Bei der Wahl der entsprechenden Lösungsoption sind die entsprechenden Glieder in den Gleichungen (5.47) und (5.48) als Null anzunehmen. Die analytische Bestimmung der Drehsteifigkeit k_γ eines Lenkgetriebes mit hydrostatischem Antrieb kann man nach folgende Methode erreichen:

- Bestimmung der linearen Steifigkeiten $k_{x,a}$ und $k_{x,i}$ des äußeren und inneren Hydrauliklenkzylinders

$$\frac{1}{k_{x,a}} = \frac{1}{A_a^2} \cdot \left[\frac{V_a}{E_{ol}} + k_{sa} + k_{pa} + \frac{\varepsilon_a}{p_a} \right],$$ (5.49)

5.2 Simulationsanalyse des Lenk- und Fahrverhaltens 131

$$\frac{1}{k_{x,i}} = \frac{1}{A_i^2} \cdot \left[\frac{V_i}{E_{ol}} + k_{si} + k_{pi} + \frac{\varepsilon_i}{p_i} \right]. \qquad (5.50)$$

Es bezeichnen:
A_a, A_i - Arbeits-Kolbenflächen der Hydrauliklenkzylinder, V_a, V_i - Gesamtvolumina des Öls hinter dem Verteiler, E_{ol} - Kompressionsmodul des Öls, $p_a = p_i = p$ - Druck in Lenkanlage, k_{sa}, k_{si} - Koeffizient der die Verformbarkeit der Zylinderwandungen berücksichtigt und der aus der Abhängigkeit bestimmt werden kann

$$k_s = \frac{\pi \cdot D^3 \cdot l}{4 \cdot s \cdot E}, \qquad (5.51)$$

wobei
D - Innendurchmesser des Zylinders, s - Wanddicke, l - wirksame Hydraulikzylinderlänge, E - Elastizitätsmodul für Stahl, $k_{pa} = k_{pi} = k_p$ - Koeffizient, der die Verformbarkeit der Gummileitungen berücksichtigt und der aus der Abhängigkeit bestimmt werden kann

$$k_p = \sum^i \left(l_{pi} \cdot A_{pi} \cdot \frac{dp_i}{s_{pi}} \cdot \frac{1}{E_p} \right). \qquad (5.52)$$

Es bezeichnen:
l_{pi} - Länge der Gummileitungen, A_{pi} - Querschnitte der Leitungen, d_{pi} Innendurchmesser der Leitungen, s_{pi} - Wanddicke der Leitungen, E_p - Längs-Elastizitätsmodul der Leitungen.

- Bestimmung des globalen Elastizitätsmoduls E_g

$$E_g = E_{ol} \cdot e, \qquad (5.53)$$

wobei
e - Koeffizient, der die Steifigkeitsverminderung verursacht durch die Anwesenheit von Luft im Öl, die Verformbarkeit der Gummileitungen und der Zylinderwandungen berücksichtigt

$$e = \frac{\dfrac{V}{E_{ol}}}{\dfrac{V}{E_{ol}} + k_s + k_p + \dfrac{\varepsilon_L}{p}}, \qquad (5.54)$$

wobei
ε_L – Luftvolumenanteil im Öl.

132   5 Lenkverhalten von Radfahrzeugen mit beliebigen Lenksystemen

- Bestimmung der modifizierten linearen Steifigkeiten des äquivalenten Lenkhydraulikzylinders

$$k_{x,E} = k_{x,a} + k_{x,i} = A_E^2 \cdot e \cdot E_{ol} \cdot \left(\frac{1}{V_a} + \frac{1}{V_i}\right). \quad (5.55)$$

- Bestimmung der Drehsteifigkeit k_γ des Lenkgetriebes

$$k_\gamma = \frac{\partial M}{\partial \gamma} \cong \frac{M - M_0}{\gamma - \gamma_0}, \quad (5.56)$$

für $M_0 = 0$ und $\gamma_0 = 0$

$$k_\gamma = \frac{M}{\gamma}. \quad (5.57)$$

Die lineare Steifigkeit des Hydraulikzylinders kann man definieren

$$k_x = \frac{\partial S_L}{\partial x} \cong \frac{S_L - S_{L,0}}{\gamma - \gamma_0}. \quad (5.58)$$

Es bezeichnen:
S_L Kraft im Hydrauliklenkzylinder, x - Versetzung des Kolbens.

Für $S_{L,0} = 0$ und $x_o = 0$ gilt

$$k_x = \frac{S_L}{x}. \quad (5.59)$$

Für kleine Knickwinkel ($\gamma < 10°$) kann man annehmen

$$x = h_E \cdot \gamma, \quad (5.60)$$

sowie

$$k_\gamma = \frac{M}{\gamma} = \frac{S_{L,E} \cdot h_E}{\frac{x}{h_E}} = h_E^2 \cdot \frac{S_{L,E}}{x} = h_E^2 \cdot k_{x,E}, \quad (5.61)$$

wobei
$S_{L,E}$ - Lenkkraft im äquivalentem Hydrauliklenkzylinder (Abb. 5.24).

Nach Einfügen in Formel (5.60) die Formel (5.55) erhalten wir

$$k_\gamma = h_E^2 \cdot k_{x,E} = A_E^2 \cdot h_E^2 \cdot e \cdot E_{ol} \cdot \left(\frac{1}{V_a} + \frac{1}{V_i}\right) \tag{5.62}$$

wobei
$A_E = A_a + A_i$, h_E Kraftarm der äquivalenten Lenkkraft (Gl. 3.36, 3.38, 3.39).

5.2.2 Mathematisches Modell einer hydrostatischen Lenkanlage

Lenkgetriebe für Nutzfahrzeuge mit hydrostatischem Antrieb können mit oder ohne Rückkopplung ausgerüstet sein.

Die Rückkopplung in hydraulischen Servosystemen kann mit Hilfe mechanischer, hydraulischer, pneumatischer oder elektrischer Systeme realisiert werden. In Lenkanlagen mobiler Geländemaschinen werden in der Regel mechanische und hydraulische Rückkopplungen angewendet. Eine Anlage mit Rückkopplung, auch Anlage mit geschlossener Steuerschleife genannt, wird dadurch charakterisiert, dass der Spalt X des Verteilers eine Funktion der Differenz des vorgegebenen Lenkwinkels γ_{soll} und des momentanen Lenkwinkels γ_{21} des Fahrzeugs ist. Der Lenkvorgang des Fahrzeugs dauert so lange, wie der Fahrers das Lenkrad dreht. Die Rückkopplung in der Lenkanlage erlaubt dem Fahrer mittelbar, nach der Lage und Umdrehung des Lenkrades, die Lage und die Versetzung der oft für ihn unsichtbaren gelenkten Räder oder extremen Punkte der Maschine zu "fühlen". Das führt zu einer größeren Lenkpräzision und zur Hebung der Sicherheit wie auch zur geringeren Ermüdung des Fahrers.

In einer Lenkanlage ohne Rückkopplung ist der Spalt X im Verteiler eine Funktion des vorgegebenen Lenkwinkels γ_{soll} und des den Verteiler durchfließenden Ölvolumens. Der Fahrer, der die Lenkung des Fahrzeugs beobachtet, verkleinert nach und nach den Spalt bis zu einem Wert nahe Null, bis der Lenkwinkel nach dem subjektiven Gefühl des Fahrers den erforderlichen Wert erreicht hat. Weil eine subjektive Beobachtungsanlage fehlt und die Sicherheit dadurch beschränkt sein kann, sind Lenkanlagen ohne Rückkopplung nur für kleine Geschwindigkeit bis 25 km/h zu verwenden.

Bei der Modellierung wird die hydraulische Lenkanlage durch ein Berechnungsschema (Abb. 5.24) ersetzt.

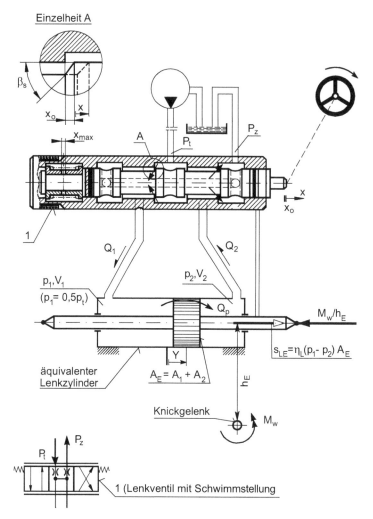

Abb. 5.24. Berechnungsschema einer hydrostatischen Lenkanlage: A_1, A_2 – Arbeitsflächen der Hydrauliklenkzylinder, die durch einen äquivalenten Hydraulikzylinder ersetzt werden

Bei der Formulierung des mathematischen Modells werden folgende Voraussetzungen gemacht:

- das Öl ändert seine physikalische Eigenschaften nicht,
- die Lenkanlage ist nicht fehlerhaft,
- Inertionskräfte im Verteiler werden vernachlässigt,
- der Viskositätskoeffizient ist konstant,
- der Druck in der Abflussleitung ist gleich dem atmosphärischen Druck,

5.2 Simulationsanalyse des Lenk- und Fahrverhaltens

- der Druck auf der Arbeitsseite des Lenkzylinders beträgt, bei kleinen Versetzungen des Verteilerschiebers ($X < 0{,}2\ X_{max}$) von der Neutralstellung, die Hälfte des Druckes am Eingang des Verteilers,
- der Ausflusskoeffizient ist konstant für alle Spalten.

Die im Servomechanismus stattfindenden Vorgänge werden durch die Bilanzgleichungen der Durchflussmengen, der Bewegung des hydraulischen Servomotors und durch die kinematischen Abhängigkeiten beschrieben. Die allgemeine Bilanzgleichung der Durchflussmengen für den Verteiler und den Servomotor wird dargestellt

$$Q = Q_S + Q_{SC} + Q_P. \tag{5.63}$$

Es bezeichnen:
Q - Öldurchflussmenge durch den Verteiler, Q_s - Durchflussmenge, die die Aufnahmefähigkeit eines äquivalenten Servomotors deckt, Q_{sc} - Durchflussmenge, die die Kompressibilität des Arbeitsmediums, die Verformung der Servomotorwandungen und der den Verteiler mit dem Servomotor verbindenden Leitungen ausgleicht, Q_p - Durchflussmenge, die die Leckverluste im Servomotor ausgleicht.

Der Durchfluss von Flüssigkeiten durch Spalten ist mit sog. Druckverlusten verbunden. Die Gleichungen für den Durchfluss von Öl durch Spalten im Verteiler (turbulenter Durchfluss) können in Form der Abhängigkeit aufgeschrieben werden

$$\text{für die Druckseite} \quad Q_1 = K_V \cdot X \cdot \sqrt{(p_t - p_1)}, \tag{5.64}$$

$$\text{für die Abflussseite} \quad Q_2 = K_V \cdot X \cdot \sqrt{(p_2 - p_z)}, \tag{5.65}$$

wobei
K_V - von der Charakteristik des Verteilers und des Öls abhängige Konstante.

Die Entwicklung der Funktion (5.64) in der Umgebung des Punktes (X_0, p_t) und der Funktion (5.65) in der Umgebung des Punktes (X_0, p_z) in der Taylorschen Reihe ergibt bei Berücksichtigung nur der linearen Glieder

$$Q_1 = \frac{\partial Q_1}{\partial X} \cdot X - \frac{\partial Q_1}{\partial p_1} \cdot p_1 = k_Q \cdot X - \frac{k_Q}{k_p} \cdot p_1, \tag{5.66}$$

$$Q_2 = \frac{\partial Q_2}{\partial X} \cdot X + \frac{\partial Q_2}{\partial p_2} \cdot p_2 = k_Q \cdot X + \frac{k_Q}{k_p} \cdot p_2, \tag{5.67}$$

136   5 Lenkverhalten von Radfahrzeugen mit beliebigen Lenksystemen

$$k_Q = C_1 = \frac{\partial Q_2}{\partial x}\bigg|_{\substack{X=X_0 \\ p_1=0,5p_t}} = \frac{\partial Q_2}{\partial x}\bigg|_{\substack{X=X_0 \\ p_2=0,5p_t}} = K_V \cdot \sqrt{0,5p_t} \;, \qquad (5.68)$$

$$k_{Q,p} = \frac{k_Q}{k_p} = C_2 = \frac{\partial Q_1}{\partial p_1}\bigg|_{\substack{X=X_0 \\ p_1=0,5p_t}} = \frac{\partial Q_2}{\partial p_2}\bigg|_{\substack{X=X_0 \\ p_2=0,5p_t}} =$$
$$= K_V \cdot X_0 \cdot \frac{1}{2 \cdot \sqrt{0,5p_t}} \;. \qquad (5.69)$$

Es bezeichnen:
k_Q – "Leistungs"-Koeffizienten des Verteilers (sog. Verstärkungsfaktor, Abb. 5.24),
k_p – "Druck"-Koeffizienten des Verteilers (Abb. 5.25).

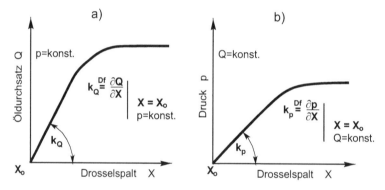

Abb. 5.25. Statische Charakteristika des Verteilers, a) Durchfluss, b) Druck

Die Werte der Koeffizienten k_Q und k_p werden für jeden Verteilertyp experimentell bestimmt (z.B. Abb. 5.26).
Die durchschnittliche Öldurchflussmenge durch den Verteiler bestimmt die Abhängigkeit

$$Q_m = \frac{1}{2} \cdot (Q_1 + Q_2) = k_Q \cdot X - \frac{1}{2} \cdot k_{Q,p} \cdot \Delta p \;, \qquad (5.70)$$

wobei $\Delta p = p_1 - p_2$.

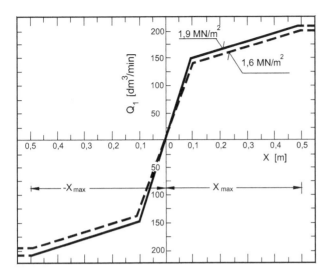

Abb. 5.26. Durchflusscharakteristik eines Verteilers [119]

Nach Normierung erhalten wir

$$\overline{q} = \frac{Q_m}{Q_{max}} = c_1 \cdot \overline{x} - c_2 \cdot \overline{\Delta p}, \tag{5.71}$$

wobei

$$\overline{\Delta p} = \frac{\Delta p}{p_t}, \tag{5.72}$$

$$c_1 = \frac{X_{max}}{Q_{max}} \cdot k_Q \tag{5.73}$$

und

$$c_2 = 0,5 \cdot \frac{p_p}{Q_{max}} \cdot k_{Q,p}. \tag{5.74}$$

Es bezeichnen:
X_{max} – maximaler Spalt im Verteiler, Q_{max} – maximale Durchflussmenge durch den Verteiler.

Die Durchflussmenge Q_s, die die Aufnahmefähigkeit des Lenkzylinders für kleine Lenkwinkel entsprechend Abb. 5.24 deckt, kann aus der Abhängigkeit bestimmt werden

$$Q_S = A_E \cdot \frac{dY}{dt} = A_E \cdot h_E \cdot \dot{\gamma}_{21}. \qquad (5.75)$$

Die Leck-Gleichung (laminarer Durchfluss) am äquivalenten Zylinder hat die Gestalt (Abb. 5.23)

$$Q_p = K_L \cdot \Delta p, \qquad (5.76)$$

wobei
K_L – Leckkoeffizient für den Hydrauliklenkzylinder.

Die Durchflussmenge Q_{sc}, die die Kompressibilität des Arbeitsmediums und die Verformung der Zylinderwandungen und der Leitungen deckt, die den Verteiler mit dem Servomotor verbinden, kann man aus der Abhängigkeit bestimmen

$$Q_{SC} = \frac{V}{e \cdot E_{ol}} \cdot \dot{p}. \qquad (5.77)$$

Es bezeichnen:
V – Ölvolumen, E_{ol} – Kompressionsmodul des Öls, e – Korrekturkoeffizient, der die Kompressibilität aller Komponenten berücksichtigt.

Nach Einsetzen der Abhängigkeiten 5.75 bis 5.77 hat die Durchflussbilanzgleichung für Verteiler und Zylinder die Gestalt:

– für die Druckseite

$$Q_1 = A_E \cdot h_E \cdot \dot{\gamma}_{21} + \frac{V_1}{e \cdot E_{ol}} \cdot \dot{p}_1 + K_L \cdot \Delta p, \qquad (5.78)$$

– für die Abflussseite

$$Q_2 = A_E \cdot h_E \cdot \dot{\gamma}_{21} - \frac{V_2}{e \cdot E_{ol}} \cdot \dot{p}_2 + K_L \cdot \Delta p. \qquad (5.79)$$

Nach Umformung der Gleichungen (5.77), (5.78) und (5.79), Normierung und Berücksichtigung der Gleichung (5.71) erhalten wir die Abhängigkeit

$$\frac{V_0 \cdot p_t}{2 \cdot Q_{max} \cdot e \cdot E_{ol}} \cdot \overline{\dot{\Delta p}} + \frac{A_E \cdot h_E}{Q_{max}} \cdot \dot{\gamma}_{21} = -(k_L + c_2) \cdot \overline{\Delta p} + c_1 \cdot \overline{x}. \qquad (5.80)$$

Es bezeichnen:

$V_0=V_1+V_2$ – Ölvolumen in der Lenkanlage hinter dem Verteiler, $k_L=K_L \cdot p_t/Q_{max}$ – genormter Leckkoeffizient, $\overline{x} = X/X_{max}$ - genormter Spaltwert.

Wie schon erwähnt wurde, ist bei einer hydraulischen Lenkanlage mit Rückführung der Wert des Spaltes im Verteiler eine Funktion

$$X = f(\gamma_{soll} - \gamma_{21}). \qquad (5.81)$$

Es bezeichnen:
γ_{soll} – vorgegebener Lenkwinkel, γ_{21} – momentaner Lenkwinkel.

Nach Normierung erhalten wir eine dimensionslose Gleichung

$$\overline{x} = \frac{\gamma_{soll}}{\gamma_{21}} - \frac{\gamma_{21}}{\gamma_{max}}. \qquad (5.82)$$

Nach Einsetzen dieser Gleichung in die Abhängigkeit (5.80) erhalten wir

$$\frac{V_0 \cdot p_t}{2 \cdot Q_{max} \cdot e \cdot E_{ol}} \cdot \overline{\Delta p} + \frac{A_E \cdot h_E}{Q_{max}} \cdot \gamma_{21} = -(k_L + c_2) \cdot \overline{\Delta p} + \frac{c_1}{\gamma_{max}} \cdot \gamma_{21} + \\ + \frac{c_1}{\gamma_{21}} \cdot \gamma_{soll}. \qquad (5.83)$$

Nach Umformung der Gleichung (5.71) und unter Berücksichtigung der Formel (5.82) erfüllt die durchschnittliche Ölmenge, die durch den Verteiler einer Anlage mit Rückführung durchgeflossen ist, die Gleichung

$$\frac{V_0}{2 \cdot Q_{max}} \cdot \hat{v} = -c_2 \cdot \overline{\Delta p} - \frac{c_1}{\gamma_{max}} \cdot \gamma_{21} + \frac{c_1}{\gamma_{max}} \cdot \gamma_{soll}. \qquad (5.84)$$

Für eine hydraulische Lenkanlage ohne Rückführung ist der Wert des Spalts im Verteiler eine Funktion

$$\overline{x} = f(\gamma_{soll}, V), \qquad (5.85)$$

wobei V – Ölvolumen, das durch den Verteiler durchgeflossen ist.

Nach Normierung hat die obige Funktion die Gestalt

$$\overline{x} = \frac{\gamma_{soll}}{\gamma_{max}} - \overline{v}. \qquad (5.86)$$

Nach Einsetzen der obigen Gleichung in (5.80) erhalten wir

$$\frac{V_0 \cdot p_t}{2 \cdot Q_{max} \cdot e \cdot E_{ol}} \cdot \overline{\Delta p} + \frac{A_E \cdot h_E}{Q_{max}} \cdot \gamma_{21} = -(k_L + c_2) \cdot \overline{\Delta p} - c_1 \cdot \overline{v} + \\ + \frac{c_1}{\gamma_{max}} \cdot \gamma_{soll} \cdot$$

(5.87)

Die durchschnittliche Ölmenge, die durch den Verteiler einer Anlage ohne Rückkopplung geflossen ist, erfüllt die Gleichung

$$\frac{V_0}{2 \cdot Q_{max}} \cdot \overline{v} = -c_2 \cdot \overline{\Delta p} - c_1 \cdot \overline{v} + \frac{c_1}{\gamma_{max}} \cdot \gamma_{soll} \cdot \quad (5.88)$$

Es ist zu erwähnen, dass die letzten Glieder der rechten Seiten der Gleichungen (5.83 und 5.87) erzwingende Funktionen sind.

5.2.3 Mathematisches Modell des Reifens

Ein sehr wesentlicher Teil des globalen, dynamischen Modells eines Nutzfahrzeugs ist das Modell der Reifen, denn sie nehmen unmittelbar teil an der Interaktion mit dem Untergrund. Untersuchungen an Geländefahrzeugen zeigen, dass sich der Bewegungsvorgang dieser Fahrzeuge, insbesondere auf verfestigen Wegen und bei größeren Geschwindigkeiten, sehr von Straßenfahrzeugen unterscheidet. Die Differenzen resultieren vor allem aus dem Unterschied der dynamischen Eigenschaften der großdimensionierten elastischen Reifen der Geländefahrzeuge im Vergleich zu den Reifen von Straßenfahrzeugen. In der vorliegenden Arbeit wurde das konventionelle Modell Reifen-Untergrund um Komponenten erweitert, die die Übergangsvorgänge in großdimensionierten elastischen Reifen berücksichtigen. Das allgemeine Schema des Zusammenwirkens des Reifen mit dem Untergrund wurde in Abb. 5.27 dargestellt.

Die Traktionskraft F_x des Reifens kann mit einem empirischen Modell approximiert werden (Abb. 5.28) oder nach seiner Modifikation in der dimensionslosen Gestalt der Abhängigkeit

$$\mu_x = \text{sign}(S_x) \cdot \mu_{x,max} \cdot \left(1 - e^{-k|S_x|}\right). \quad (5.89)$$

Es bezeichnen:

$\mu_x = \frac{F_x}{|F_z|}$ - Längskraftschlussbeiwert des Reifens, k – experimenteller Koeffizient.

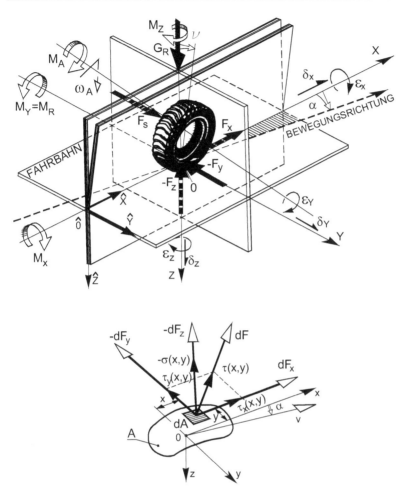

Abb. 5.27. Schema des Zusammenwirkens des (angetriebenen) Rades mit einem steifen Untergrund: F_x – Traktionskraft, F_y – Seitenkraft, F_z – Normalkraft, M_A – Antriebsmoment, M_R – Rollwiderstandsmoment, M_x – Wankmoment, M_z – Rückstellmoment, α – Schräglaufwinkel, ν – Sturzwinkel, δ_x, δ_y, δ_z – lineare Reifendeformationen, ε_x, ε_y, ε_z – Torsionsdeformationen

Mit der Abhängigkeit (5.89) wird der kinematische Einheitskoeffizient der Längssteifigkeit der Paarung Reifen/Untergrund definiert

$$\hat{c}_S = \frac{d\mu_x}{dS_x}\bigg|_{\substack{s=0 \\ \alpha=0}}. \tag{5.90}$$

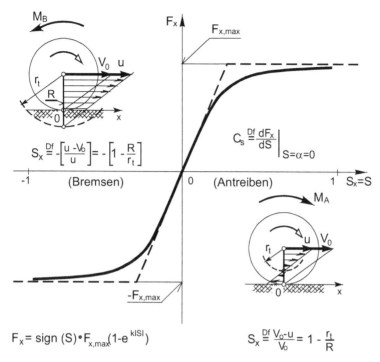

Abb. 5.28. Empirisches Modell der Traktionskraft F_x des Reifens, u- momentane Geschwindigkeit, V_o – theoretische Geschwindigkeit, $R \equiv r_k$ – kinematischer Radius, r_t – sog. Rollradius, c_s – kinematischer Längssteifigkeitskoeffizient des Reifens

Dementsprechend berechnen wir die Traktionskraft für den linearen Bereich der Charakteristik aus der Formel

$$F_x = \hat{c}_S \cdot |F_z| \cdot S_x . \tag{5.91}$$

Ein anderes, auf der Basis von Untersuchungen großdimensionierter Reifen gebildetes Modell hat die Gestalt [154]

$$S_x = A_u \cdot |\mu_x| + C_u \cdot |\mu_x|^{n_u} . \tag{5.92}$$

wobei
A_u, C_u, n_u – experimentelle Koeffizienten (Tabelle 5.1).

Dieses Modell wurde in den Simulationsberechnungen der vorliegenden Arbeit ausgenutzt.

Die Seitenkraft des Reifens kann mit einem empirischen Modell approximiert werden (Abb. 5.29) oder nach seiner Modifikation in der dimensionslosen Gestalt

5.2 Simulationsanalyse des Lenk- und Fahrverhaltens 143

$$\mu_y = -\operatorname{sign}(\alpha) \cdot \mu_{y,\max} \cdot \left(1 - e^{-k_1|\alpha|}\right). \tag{5.93}$$

Es bezeichnen:

$\mu_y = \dfrac{F_y}{|F_z|}$ – Querkraftschlussbeiwert des Reifens, k_1 – experimenteller Koeffizient.

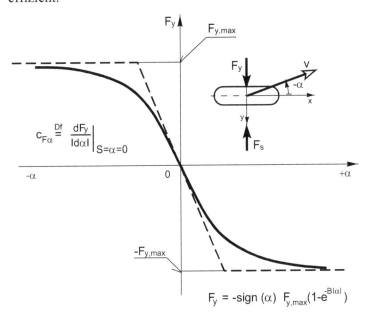

Abb. 5.29. Empirisches Modell der Seitenkraft F_y des Reifens: $c_{F\alpha}$ - kinematischer Seitensteifigkeitskoeffizient

Mit der Abhängigkeit (5.93) wird der kinematische Einheitskoeffizient der Quersteifigkeit definiert

$$\hat{c}_{F\alpha} = \dfrac{d\mu_y}{|d\alpha|}\bigg|_{\substack{s_x=0 \\ \alpha=0}} \quad \left[\dfrac{1}{\operatorname{rad}}\right]. \tag{5.94}$$

Entsprechend [85] kann man für großdimensionierte Reifen von landwirtschaftlichen Maschinen annehmen: $\hat{c}_{F\alpha} = 0{,}8\,\hat{c}$.

Mit Berücksichtigung des Antriebsmoments hat der modifizierte Wert des kinematischen Quersteifigkeitskoeffizienten entsprechend [95] die Gestalt

144   5 Lenkverhalten von Radfahrzeugen mit beliebigen Lenksystemen

$$c'_{F_\alpha} = (1 - C_k \cdot |F_x|) \cdot \hat{c}_{F_\alpha},\qquad(5.95)$$

wobei
$C_k = 4 \cdot 10^{-5} \div 12 \cdot 10^{-5}$ 1/N (für landwirtschaftliche Reifen).

Tabelle 5.1. Empirische Koeffizienten des Modells (Gl. 5.92) großdimensionierten Reifen-Untergrund; f_t - Rollwiderstandsbeiwert

Reifeninnendruck [MPa]	Modellparameter	Trockener Asphalt	Boden mittel verfestigt	Boden verformbar	Boden sehr weich	Schnee vereist	Schnee nass	Eis
0,2	A_u	0,05	0,1	0,2	0,12	0,28	0,60	0,52
	C_u	5,0	7,5	5,9	5,1	9,5	70,4	154,0
	n_u	16	10	5	5	6	5	6
	$\mu_{x,max}$	0,90	0,81	0,68	0,7	0,45	0,24	0,28
	f_t	0,05	0,053	0,06	0,14	0,45	0,24	0,28
	$\hat{c}_s$	20	10	5	8,3	3,57	1,6	1,92
0,4	A_u	0,05	0,1	0,2	0,12	0,33	0,66	0,58
	C_u	6,5	8,6	5,9	10,0	18,4	74,8	225,4
	n_u	15	9	4	5	6	5	6
	$\mu_{x,max}$	0,88	0,78	0,62	0,62	0,39	0,21	0,24
	f_t	0,035	0,045	0,08	0,18	0,04	0,048	0,037
	$\hat{c}_s$	20	10	5	8,3	3,0	1,51	1,72
0,6	A_u	0,05	0,1	0,2	0,12	0,39	0,79	0,65
	C_u	7,9	9,2	4,0	12,0	41,6	170,2	341,2
	n_u	14	8	3	5	6	5	6
	$\mu_{x,max}$	0,86	0,75	0,6	0,6	0,34	0,20	0,23
	f_t	0,03	0,05	0,09	0,19	0,036	0,046	0,034
	$\hat{c}_s$	20	10	5	8,3	2,56	1,26	1,53

Für kleine Schräglaufwinkel ($\alpha < 10°$) berechnen wir die Seitenkraft des Reifens aus der Abhängigkeit

$$F_y = -\hat{c}_{F_\alpha} \cdot |F_z| \cdot \alpha.\qquad(5.96)$$

Die Kraftverteilung zwischen Reifen und Untergrund sowie das Kraftschlussbeiwert-Schlupf-Verhalten auf Asphaltbeton für angetriebene und gebremste Reifen ist im Abb. 5.30 und 5.31 dargestellt.

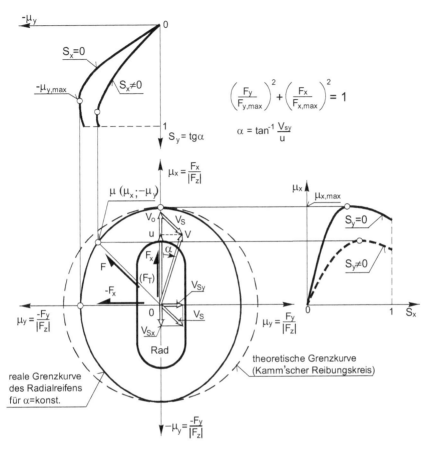

Abb. 5.30. Darstellung der Kräfte zwischen Treibrad-Fahrbahn und Kraftschlussbeiwert-Schlupf-Verhalten auf einem steifen Untergrund

Das Rückstellmoment des Reifens kann in Gestalt von zwei Komponenten dargestellt werden: des Quer– $M_{z,y}$ sowie des Längsstabilisationsmoments $M_{z,x}$.

Das Längsstabilisationsmoment $M_{z,x}$ kann aus Rücksicht auf den kleinen Wert des Kraftarms der Traktionskraft in den Berechnungen praktisch vernachlässigt werden. Das Querstabilisationsmoments $M_{z,y}$ hingegen erreicht den größten Wert, wenn das Rad schräg läuft. Bei kleinen Werten des Schräglaufwinkels wächst das Querstabilisationsmoment $M_{z,y}$ proportional mit der Vergrößerung dieses Winkels, erreicht das Maximum und wird dann wieder kleiner (Abb. 5.32).

Der kinematische Einheits-Drehsteifigkeitskoeffizient des Reifens wurde definiert als

$$\hat{c}_{M\alpha} = \frac{d\hat{M}_{z,y}}{|d\alpha|}\bigg|_{\alpha=0} \qquad \left[\frac{m}{rad}\right], \qquad (5.97)$$

wobei $\hat{M}_{z,y} = \frac{M_{z,y}}{|F_z|}$.

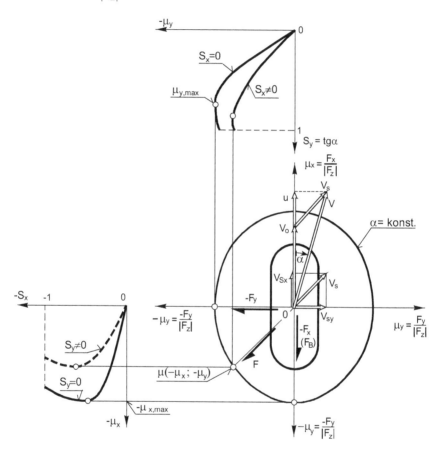

Abb. 5.31. Darstellung der Kräfte zwischen Bremsrad-Fahrbahn und Kraftschlussbeiwert-Schlupf-Verhalten auf einem steifen Untergrund

Damit kann das Querstabilisationsmoment des Reifens für kleine Schräglaufwinkel aus der Gleichung bestimmt werden

$$M_{z,y} = \hat{c}_{M\alpha} \cdot |F_z| \cdot \alpha. \qquad (5.98)$$

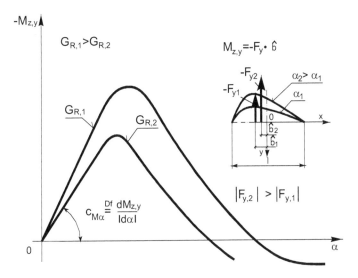

Abb. 5.32. Änderungsverlauf des Querstabilisationsmomentes $M_{z,y}$ des Reifens als Funktion des Schräglaufwinkels α sowie der Normalbelastungen $G_{R,1}$ u. $G_{R,2}$ des Reifens [13]

Entsprechend [85] kann man für großdimensionierte Reifen von landwirtschaftlichen mobilen Maschinen annehmen: $\hat{c}_{F\alpha} = 0{,}07 \cdot \hat{c}_S$.

Die dargestellten allgemein in der Bewegungstheorie von Fahrzeugen verwendeten mathematischen Modelle der bei der Berührung des Rades mit dem Untergrund generierten Kräfte und Momente (Gleichungen 5.91, 5.96 und 5.98) haben als Bedingung einen Gleichgewichtszustand des Reifens. Das bedeutet, dass unter dem Einfluss der Einwirkung eines äußeren Zwangs die Kräfte F_x und F_y sowie das Moment M_z sofort (in einer Zeit nahe Null) ein neues Wertniveau annimmt. In der Dynamik wird so eine Reaktion mit dem sog. proportionalen Glied beschrieben (Abb. 5.33).

In Wirklichkeit ist eine gewisse endliche Zeit T notwendig, damit sich der Reifen nach Einwirkung des Zwangs wieder im Gleichgewichtszustand befindet. Diese dynamische Reaktion des Reifens kann man mit Hilfe der Abhängigkeit darstellen

$$\frac{1}{T} = \frac{U}{l_r}. \qquad (5.99)$$

Es bezeichnen:
T – Zeitkonstante, U – Geschwindigkeit des Fahrzeugs, l_r – Länge des zur Entspannung des Reifens notwendiger Weg.

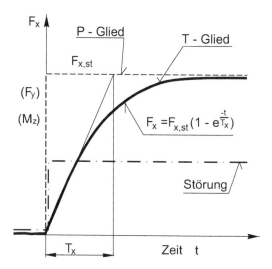

Abb. 5.33. Stufencharakteristik der Traktionskraft F_x des Reifens als des dynamischen Gliedes

Bei Straßenfahrzeugen kann man aus Rücksicht auf die bedeutenden Fahrgeschwindigkeiten U sowie die kleinen Entspannungsweglängen l_r des Reifens das Übergangsverhalten des Reifens vernachlässigen. In Geländemaschinen hingegen, die sich mit kleineren Geschwindigkeiten U bewegen und bei denen die Entspannungsweglängen l_r des Reifens in der Regel groß sind, z.B. die Hinterräder eines Schleppers oder die Räder eines Radladers, ist das Übergangsverhalten in den dynamischen Berechnungen der Bewegung der Maschine zu berücksichtigen. Daraus resultiert, dass die in der Berührungsfläche des Reifens mit dem Untergrund generierten Belastungen aus der Abhängigkeit (Abb. 5.33) berechnet werden können

$$F_x = \hat{c}_S \cdot |F_z| \cdot S_x - \dot{F}_x \cdot T_x, \qquad (5.100)$$

$$F_y = -\left[\hat{c}_{F_\alpha} \cdot |F_z| \cdot \alpha - \dot{F}_y \cdot T_y\right], \qquad (5.101)$$

$$M_z = \hat{c}_{M_\alpha} \cdot |F_z| \cdot \alpha - \dot{M}_z \cdot T_z, \qquad (5.102)$$

wobei
T_x, T_y, T_z – entsprechende Zeitkonstanten.

Die Rotation der Glieder während der Fahrt der analysierten universellen Maschine (Abb. 5.22) bewirkt die Änderung der linearen Geschwindigkeiten u_j der Radmittelpunkte und das Auftreten von Massen-Trägheitsmomenten I_w der Räder. Dadurch treten an den Rädern zusätzlicher Schlupf und die damit verbundenen Längskräfte zwischen den Reifen und dem Untergrund auf. Bei kleinen Schlupfwerten ($S_x < 0{,}1$), die bei den obigen Oszillationen der Glieder auftreten, kann man annehmen, dass

$$u_j \approx -R \cdot \phi_j . \tag{5.103}$$

Es bezeichnen:
u_j – momentane Fahrgeschwindigkeit des j-ten Rades (j=1, 2, 3, 4), ϕ_j – momentane Winkelgeschwindigkeit des j-ten Rades, R – kinematischer Radius des Reifens.

Mit der Annahme $u_j = U$ erhalten wir eine Formel, die die Bestimmung des Schlupfs sowohl des angetriebenen wie auch gebremsten Rades erlaubt und zwar

$$S = -\frac{u_j + R \cdot \phi_j}{U} . \tag{5.104}$$

Die Längskräfte (entsprechend den Bezeichnungen in Abb. 5.22), die in der Berührungsfläche der Reifen mit dem Untergrund infolge der Oszillationsbewegungen der Glieder des analysierten universellen Fahrzeugs generiert werden, kann man aus der Formel (5.100) bestimmen, indem man sie in die Abhängigkeit (5.104) einsetzt, sowie mit der Annahme

$$T_x \cdot U = \sigma_x \cdot R , \tag{5.105}$$

wobei
σ_x – dimensionsloser Längs-Entspannungskoeffizient des Reifens sowie

$$\Delta X_F = X_1 - X_2 \quad \Delta X_R = X_3 - X_4 , \tag{5.106}$$

$$\Delta \omega_F = \omega_{R,1} - \omega_{R,2} \quad \Delta \omega_R = \omega_{R,3} - \omega_{R,4} . \tag{5.107}$$

Unter Berücksichtigung dieser Gleichungen sowie nach Umformung erhalten wir

$$\sigma_x \cdot R \cdot \Delta \dot{X}_F + U \cdot \Delta X_F = -\hat{c}_{S,F} \cdot (R \cdot \Delta \omega_F + B \cdot r_1), \tag{5.108}$$

$$\sigma_x \cdot R \cdot \Delta \dot{X}_R + U \cdot \Delta X_R = \hat{c}_{S,R} \cdot (R \cdot \Delta \omega_R + B \cdot r_3), \tag{5.109}$$

$$I_w \cdot \Delta \dot{\omega}_F = R \cdot \Delta X_F , \tag{5.110}$$

$$I_w \cdot \Delta \dot{\omega}_R = R \cdot \Delta X_R . \tag{5.111}$$

Die Querkräfte (entsprechend den Bezeichnungen in Abb. 5.22), die in der Berührungsfläche der Reifen mit dem Untergrund infolge der Rotation der Glieder der analysierten Maschine generiert werden, kann man aus der Formel (5.101) bestimmen, indem man in sie die Abhängigkeit einsetzt

$$\frac{\alpha_1 + \alpha_2}{2} = \alpha_F = \frac{v_1 + x_{1F} \cdot r_1}{U}, \quad (5.112)$$

$$\frac{\alpha_3 + \alpha_4}{2} = \alpha_R = \frac{v_1 + x_{12} \cdot r_1 - l_2 \cdot r_2 - U \cdot (\gamma_{21} + \gamma_{32})}{U}, \quad (5.113)$$

sowie mit der Voraussetzung

$$T_y \cdot U = \sigma_y \cdot R, \quad (5.114)$$

$$Y_1 + Y_2 = Y_F \quad \text{sowie} \quad Y_3 + Y_4 = Y_R. \quad (5.115)$$

Unter Berücksichtigung dieser Gleichungen sowie nach Umformung erhalten wir die Abhängigkeit

$$\sigma_y \cdot R \cdot \dot{Y}_F + U \cdot Y_F = -2 \cdot c_{F_{\alpha,F}} \cdot (v_1 + x_{1F} \cdot r_1), \quad (5.116)$$

$$\sigma_y \cdot R \cdot \dot{Y}_R + U_R \cdot Y_R = -2 \cdot c_{F_{\alpha,R}} \cdot [v_1 + x_{12} \cdot r_1 + \\ - l_2 \cdot r_2 - U \cdot (\gamma_{21} + \gamma_{32})], \quad (5.117)$$

wobei
σ_y – dimensionsloser Quer-Entspannungskoeffizient des Reifens.

Auf analoge Weise kann man die Gleichungen der Stabilisationsmomente der Reifen erhalten, die infolge der Oszillationsbewegungen der Glieder der Maschine generiert werden (Abb. 5.22):

$$\sigma_T \cdot R \cdot \dot{M}_{z,F} + U \cdot M_{z,F} = 2 \cdot c_{M\alpha,F} \cdot (v_1 + x_{1F} \cdot r_1), \quad (5.118)$$

$$\sigma_T \cdot R \cdot \dot{M}_{z,R} + U \cdot M_{z,R} = 2 \cdot c_{M\alpha,R} \cdot [v_1 + x_{12} \cdot r_1 + \\ - l_2 \cdot r_2 - U \cdot (\gamma_{21} + \gamma_{32})], \quad (5.119)$$

wobei
σ_T – dimensionsloser Dreh-Entspannungskoeffizient des Reifens.

5.2.4 Mathematisches Gesamt-Modell von Radfahrzeugen mit beliebigen Lenksystemen und beliebigen Arten des Fahrantriebes

Im Simulationsmodell eines Fahrzeugs mit beliebigem Lenksystem wurden 3 Optionen des Fahrantriebs berücksichtigt:

1. Vorderachsantrieb.
2. Hinterachsantrieb.
3. Allradantrieb:
   – ohne Blindleistung,
   – mit Blindleistung.

Den angenommenen Voraussetzungen entsprechend, bewegt sich das Fahrzeug die ganze Zeit mit einer beliebigen aber konstanten Geschwindigkeit U.

In den Berechnungen wurde die durch die Antriebsmomente verursachte Änderung der Reifensteifigkeit berücksichtigt.

Mit dem in den Punkten 5.2.1 bis 5.2.3 dargestellten Modellen der einzelnen Systeme des Fahrzeugs wurde ein globales mathematisches Modell eines Fahrzeugs mit beliebigem Lenksystem und beliebigen Arten von Fahrantrieben formuliert. Dieses Modell ist mit einem System von 16 linearen Differentialgleichungen (5.120÷5.135) erster Ordnung mit konstanten Koeffizienten beschrieben.

$$(m_1 + m_2 + m_3)\dot{v}_1 + (m_2 + m_3)x_{12}\dot{r}_1 + (-m_2 x_{21} - m_3 l_2)\dot{r}_2 =$$
$$- (m_1 + m_2 + m_3)Ur_1 + Y_F + Y_R + F_2\gamma_{21} + F_2\gamma_{32}, \quad (5.120)$$

$$- m_1 x_{12}\dot{v}_1 + I_1\dot{r}_1 + (-c_{12} - a_\gamma c_{13})\dot{\gamma}_{21} + c_{13}\dot{\gamma}_{32} =$$
$$m_1 x_{12}Ur_1 + (k_{12} + a_\gamma k_{13})\gamma_{21} + (-k_{13})\gamma_{32} + l_1 Y_F +$$
$$+ (-A_E h_E p_t)\overline{\Delta p} + M_{z,F} + 0{,}5B\Delta X_F, \quad (5.121)$$

$$(-m_2 x_{21} - m_3 l_2)\dot{v}_1 + (-m_2 x_{21} - m_3 l_2)x_{12}\dot{r}_1 +$$
$$+ (I_2 + m_2 x_{21}^2 + m_3 l_2^2)\dot{r}_2 + (c_{12} + 2a_\gamma c_{13})\dot{\gamma}_{21} - 2c_{13}\dot{\gamma}_{32} =$$
$$(m_2 x_{21} + m_3 l_2)Ur_1 + (-k_{12} - 2a_\gamma k_{13})\gamma_{21} + 2k_{13}\gamma_{32} + \quad (5.122)$$
$$(-l_2 Y_R) + (A_E h_E p_t)\overline{\Delta p} + F_2 l_2\gamma_{21} + F_2 l_2\gamma_{32},$$

$$I_3\dot{r}_3 + (-a_\gamma c_{13})\gamma_{21} + c_{13}\gamma_{32} =$$
$$a_\gamma k_{13}\gamma_{21} + (-k_{13})\gamma_{32} + M_{z,R} + 0{,}5B\Delta X_R \,, \tag{5.123}$$

$$\gamma_{21} = -r_1 + r_2 \,, \tag{5.124}$$

$$\gamma_{32} = -r_2 + r_3 \,, \tag{5.125}$$

$$\sigma_y R \cdot Y_F = -c_{F\alpha,F} v_1 + (-c_{F\alpha,F} x_{1F}) r_1 + (-U) Y_F \,, \tag{5.126}$$

$$\sigma_y R \cdot Y_R = -c_{F\alpha,R} v_1 + (-c_{F\alpha,R} x_{12}) r_1 + c_{F\alpha,R} l_2 r_2 +$$
$$+ c_{F\alpha,R} U \gamma_{21} + c_{F\alpha,R} U \gamma_{32} + (-U) Y_R \,, \tag{5.127}$$

$$(A_E h_E / Q_{max})\gamma_{21} + (V_o p_t / 2E_g Q_{max})\Delta \bar{p} =$$
$$(-k_L - c_2)\overline{\Delta p} + (-c_1)\overline{v} \,,$$
mit Rückführung: \hfill (5.128)
$$(A_E h_E / Q_{max})\gamma_{21} + (V_o p_t / 2E_g Q_{max})\Delta \bar{p} =$$
$$(-k_L - c_2)\overline{\Delta p} + (-c_1)\gamma_{21}/\gamma_{max} \,,$$

$$(V_o / Q_{max})\bar{v} = (-c_2)\overline{\Delta p} + (-c_1)\overline{v} \,,$$
mit Rückführung: \hfill (5.129)
$$(V_o / Q_{max})\bar{v} = (-c_2)\overline{\Delta p} + (-c_1)\gamma_{21}/\gamma_{max} \,,$$

$$\sigma_T R \cdot \dot{M}_{z,F} = c_{M\alpha,R} v_1 + (c_{M\alpha,R} x_{1F}) r_1 + (-U) M_{z,F} \,, \tag{5.130}$$

$$\sigma_T R \cdot \dot{M}_{z,R} = c_{M\alpha,R} v_1 + (c_{M\alpha,R} x_{12}) r_1 + (-c_{M\alpha,R} l_2) r_2 +$$
$$+ (-c_{M\alpha,R} U)\gamma_{21} + (-c_{M\alpha,R} U)\gamma_{32} + (-U) M_{z,R} \,, \tag{5.131}$$

$$\sigma_x R \cdot \Delta \dot{X}_F = (-2c_{s,F} 0{,}5B) r_1 + (-U)\Delta X_F + (-c_{s,F} R)\Delta \omega_F \,, \tag{5.132}$$

$$\sigma_x R \cdot \Delta \dot{X}_R = (-2c_{s,R} 0{,}5B) r_3 + (-U)\Delta X_R + (-c_{s,F} R)\Delta \omega_R \,, \tag{5.133}$$

$$I_W \cdot \Delta\dot{\omega}_F = R \cdot \Delta X_F, \qquad (5.134)$$

$$I_W \cdot \Delta\dot{\omega}_R = R \cdot \Delta X_R. \qquad (5.135)$$

Das in diesem Punkt dargestellte System von Differentialgleichungen (5.120-5.135) kann in Gestalt einer Matrix dargestellt werden

$$\mathbf{A} \cdot \mathbf{y} = \mathbf{B} \cdot \mathbf{y} + \mathbf{C} \cdot \mathbf{u}. \qquad (5.136)$$

Es bezeichnen:
A, B, C – Matrix mit konstanten Koeffizienten, **y** – Vektor der Veränderlichen, **u** – Vektor der genormten, erzwingenden Funktionen.

5.5 Ergebnisse der Simulationsanalyse

Für die Ergebnisanalyse der digitalen Simulation des Lenk- und Fahrverhaltens von Radfahrzeugen mit beliebigen Lenksystemen und beliebiger Arten des Fahrantriebes sind die im weiteren Teil der Arbeit verwendeten Kriterien und gewisse Begriffe zu definieren. Die Fahrstabilität des Nutzfahrzeugs wurde als Fähigkeit zum selbstständigen Einhalten einer gewählten Fahrspur durch das Fahrzeug definiert.

Gemäß dem Begriff der asymptotischen Stabilität (entsprechend dem Kriterium von Lapunov) ist das Fahrzeug richtungsstabil, wenn es nach Einwirkung äußeren Zwanges in einer endlichen Zeit einen Zustand wie vor der Einwirkung des Impulses erreicht.

Bei der Modellierung des Fahrzeuges mit Hilfe von linearen Differentialgleichungen führen wir den Begriff der Fahrzeugstabilität auf die Stabilität der Lösungen der Differentialgleichungen zurück. Diese Stabilität kann auf der Basis der Eigenwerte der charakteristischen Matrix des Systems von linearen Differentialgleichungen bestimmt werden: "Ein lineares homogenes Differentialsystem mit einer konstanten Matrix **A** ist dann und nur dann asymptotisch stabil, wenn alle charakteristischen Wurzeln (Eigenwerte) der Matrix **A** negative Realteile haben" das ist

$$R_e \lambda_j(\mathbf{A}) < 0, \qquad (j = 1,\ldots,n). \qquad (5.137)$$

Die Lenkfähigkeit einer Maschine wurden definiert als ihre Fähigkeit des schnellsten und genausten Übergangs aus einem beliebigen Gleichgewichtszustand in einen anderen Gleichgewichtszustand bei minimaler psychisch-physischer Anstrengung des Maschinisten. In der vorliegenden Arbeit wurden die Simulationsuntersuchungen der Lenkfähigkeit der Maschine mit beliebigen Lenksystem für ihre beiden Zustände, stationär und instationär, durchgeführt. Der stationäre Zustand der Maschine wurde durch ihre Fahrt im Kreis mit im Wert verschiedenen, aber konstanten Geschwindigkeiten simuliert (U = konst.). Als Maß der Steuerbarkeit wurde in diesem Fall die Abweichung der wirklichen Spur der Maschine von der geforderten Kreisspur mit bestimmten Radius, angenommen.

In der Bewegungstheorie von Fahrzeugen wird zur quantitativen Beschreibung dieses Problems der sog. Steuerbarkeitsindex K_S angenommen, der definiert wird als

$$K_S = \alpha_v - \alpha_h . \qquad (5.138)$$

Es bezeichnen:

α_v, α_h – resultierender Schräglaufwinkel der Vorder- und Hinterachse der Maschine, bei $K_S > 0$ – ist das Fahrzeug untersteuernd, bei $K_S < 0$ – ist das Fahrzeug übersteuernd, bei $K_S = 0$ – ist das Fahrzeug neutral.

Der instationäre Zustand des Nutzfahrzeugs wurde definiert als ein Zustand, in dem sich das Fahrzeug nach Einwirkung eines äußeren Zwangs im Übergang von einem Gleichgewichtszustand in einen anderen befindet. Das Verhalten des Fahrzeugs im instabilen Zustand stellt die sog. Charakteristik des Übergangszustands dar. Die Simulation der dynamischen Übergangszustände, die für die vorliegende Arbeit realisiert wurden, enthalten folgende Prüfarten:

1. Die Untersuchung der Reaktion des Fahrzeugs auf die Einwirkung äußerer Belastungen, die die geradlinige Bewegung stören, z.B. seitlicher Wind, Auffahren mit einer Fahrzeugseite auf Hindernis usw. Als äußerer Zwang wurde in der digitalen Simulation ein Impulssignal verwendet (Abb. 5.34 I), dessen Wirkung dem des Störmomentes M_{Zw} von außen auf das Knickgelenk entspricht.
2. Die Untersuchung der Reaktion des Fahrzeugs auf Winkelbewegungen des Lenkrades.

In dieser Variante der Simulation wurden zwei Arten von äußeren Zwängen verwendet:

– die stufenweise Erzwingung mit Verzögerung (Abb. 5.34 II), was einem plötzlichen Übergang des Fahrzeugs vom Zustand der Geradeausfahrt in den stabilen Zustand bei Kurvenfahrt entspricht,
– doppelte Impulserzwingung (Abb. 5.34 III), die dem Fahrspurwechsel des Fahrzeugs auf eine Parallelspur entspricht.

Das Fahrzeug hat eine um so bessere Steuerbarkeit, je schneller die Antwort auf einen durch das Lenksystem hervorgerufenen Impuls erfolgt und

und je geringer die Oszillationen sind und je schneller sie abklingen. Als Hauptbewertung des Steuerbarkeitsgrades wurden angenommen:

- die Zeit der dynamischer Reaktion (der Antwort) des Fahrzeugs,
- die Zeit bis zum Erreichen des stabilen Wertes,
- die Oszillationsfrequenz,
- die Anzahl der Oszillationen und Werte der Amplitude bis zum Erreichen des stabilen Zustands,
- der maximale Wert des Antwortsignals.

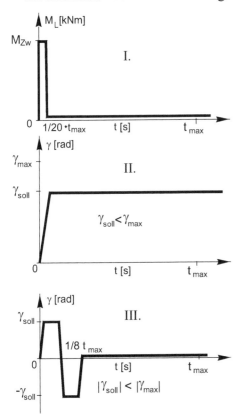

Abb. 5.34. Eingangssignale (Störungen), die bei der Simulation des Lenk- und Fahrverhaltens von Fahrzeugen verwendet werden; I. Störmoment von außen, II. Störlenkwinkel „Kreisfahrt", III. Störlenkwinkel „Fahrspurwechsel"

Für die Vergleichsanalyse verschiedener Lenksysteme wurden Parameter [31, 34] angenommen und Voraussetzung getroffen, dass die Massen des Fahrzeugs in der Mitte der Vorder- und Hinterachse angeordnet sind.

Das formulierte Simulationsmodell des Lenk- und Fahrverhaltens von Fahrzeugen mit beliebiger Zahl von Antriebsachsen wurde einer praktischen Überprüfung mit einem Knick-Radlader unterworfen, wobei der Schräglaufwinkel des Fahrzeugs Ψ, hervorgerufen durch ein Störmoment von außen, geprüft wurde [34].

Diese Untersuchungen bestätigen in qualitativer Hinsicht die Richtigkeit des theoretischen Modells.

Die als Beispiel durchgeführte Simulation des Einflusses der Untergrundbeschaffenheit auf die Fahrstabilität des Nutzfahrzeugs mit Knicklenkung bestätigte auch die Annahme, dass dieser Vorgang auf Beton analysiert werden soll. Die Stabilität eines Knickgelenkfahrzeugs, beurteilt nach dem Kriterium der Anzahl von Oszillationen, ist besser auf einem verformbaren Untergrund mit dämpfenden Eigenschaften.

Beim Vergleich der verschiedenen Lenksysteme von Nutzfahrzeugen nach ihrem Verhalten beim Ausweichen vor einem Hindernis wurde als Kriterium der sog. Ausweichfaktor angenommen

$$K_A = \frac{L_S}{L_H}. \qquad (5.139)$$

Es bezeichnen:

L_S – Entfernung des Massenmittelpunktes m_l des Fahrzeugs vom Hindernis im Augenblick, in dem das Fahrzeug seine Trajektorie in so einer Entfernung von ihm geändert hat, die ein Ausweichen ermöglicht (Abb. 5.35).
L_H - Entfernung des Massenmittelpunktes m_l des Fahrzeugs vom Hindernis im Augenblick des Einschaltens der Lenkanlage (gewählt wurde ein konstanter Wert $L_H = 15$ m).

Das Lenksystem ist desto besser, je größer der Wert des Faktors K_A ist. Wie aus der Analyse der Simulationsergebnisse hervorgeht, hat das Fahrzeug mit gelenkten Vorderrädern den besten Ausweichfaktor K_A. Das Fahrzeug mit Hundegang-Lenkung kann dem Hindernis hingegen nicht ausweichen.

Zur Simulationsanalyse des Einflusses der Fahrantriebsart (Vorder- Hinter und Allradantrieb) auf die Fahrstabilität und das Lenkverhalten eines Nutzfahrzeugs, wurde ein Knickgelenkfahrzeug angenommen. Auf der Grundlage der ermittelten Ergebnisse aus der digitalen Simulation kommt man zum Schluss:

- bei einem Wert des Elastizitätsmoduls des Lenkgetriebes $E_g = 0{,}75\ E_{ol}$ gewährleisten, entsprechend dem Kriterium von Lapunov, alle drei Antriebsarten die Stabilität des Fahrzeugs;

- bei kleinerem Wert des globalen Elastizitätsmoduls des Lenkgetriebes ($E_g=0{,}25\ E_{ol}$), was einem Luftanteil von 2% in der Lenkanlage entspricht, ist das Fahrzeug mit Allradantrieb instabil;

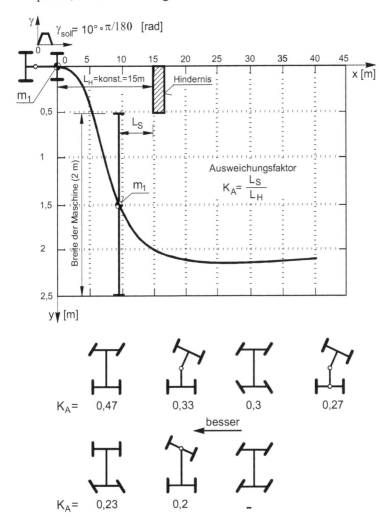

Abb. 5.35. Versetzungstrajektorien des Massenmittelpunktes m_1 einer Knick-Gelenkmaschine während des Ausweichmanövers bei einem Hindernis und Einfluss der Lenksystemart auf den Ausweichfaktor K_A

- die Art des Fahrantriebes hat einen wesentlichen Einfluss auf den Steuerbarkeitsindex K_S des Fahrzeugs. Das Knickgelenkfahrzeug mit Hinterradantrieb ist übersteuernd, dagegen das entsprechende Fahrzeug mit

Vorderradantrieb und Allradantrieb ohne Blindleistung ist untersteuernd;
- beim vom Fahrer gegebener stufenweiser Erzwingung sind die dynamischen Verläufe des Knickwinkels γ annähernd gleich für alle Antriebsarten, am flachsten ist jedoch der obige Verlauf bei Nutzfahrzeugen mit Vorderachsantrieb;
- der Schräglaufwinkel des Fahrzeugs ψ, verursacht durch ein Störmoment M_{Zw} von außen, ist am größten für das Fahrzeug mit Hinterachsantrieb;
- die Versetzungstrajektorien des Massenmittelpunktes m_1 des vorderen Gliedes eines Knickgelenkfahrzeugs beim plötzlichen Richtungswechsel während der Fahrt um einen vorgegebenen Winkel $γ_{soll}$ hängen von der Art des Fahrantriebs ab. Die beste Wendigkeit bei dem obigen Manöver weisen Fahrzeuge mit Hinterachsantrieb auf, die schlechteste hingegen Fahrzeuge mit Allradantrieb (Abb. 5.36);

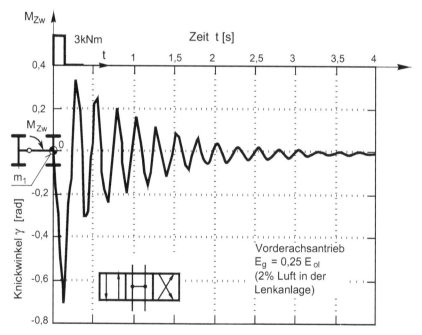

Abb. 5.36. Dynamischer Verlauf des Knickwinkels γ eines knickgelenkten Fahrzeugs mit Vorderachsantrieb, verursacht durch ein Störmoment M_{Zw} von außen

- die Verkleinerung des globalen Wertes des Elastizitätsmoduls E_g des Lenkgetriebes zeigt noch deutlicher Einfluss der Fahrantriebsart auf die

Fahrstabilität und das Lenkverhalten des Fahrzeugs, was als Beispiel in Abb. 5.36 u. 5.37 dargestellt wurde;
- ein Knickgelenkfahrzeug mit Allradantrieb und mit in ihr auftretender Blindleistung zeigt, je nach der Richtung des Blindmomentes, Eigenschaften, die zwischen denen eines Fahrzeugs mit Allradantrieb (ohne Blindleistung) und denen eines Fahrzeugs mit Vorder- oder Hinterachsantrieb liegen.

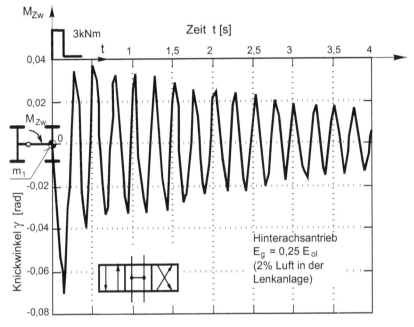

Abb. 5.37. Dynamischer Verlauf des Knickwinkels γ eines knickgelenkten Fahrzeugs mit Hinterachsantrieb, verursacht durch ein Störmoment M_{zw} von außen

Die Simulationsanalyse des Einflusses der Reifenträgheit auf die dynamischen Charakteristika des Fahrzeugs bestätigt die Richtigkeit des angenommen Reifenmodells, das die Übergangsvorgänge in der Berührungsfläche zwischen Reifen und Untergrund berücksichtigt. Verglichen wurden zwei Knickgelenkfahrzeuge, von denen eines mit Reifen mit sehr kleinen Entspannungsbeiwert ausgerüstet war $\sigma_x = \sigma_y = \sigma_T = 0,1$ (sog. "trägheitslosen Reifen"), die andere hingegen mit elastischen Reifen mit großem Entspannungsbeiwert $\sigma_x = \sigma_y = \sigma_T = 2,1$ (sog. "inertiale Reifen"). Bei einer plötzlichen Einfahrt in eine Kurve waren die dynamischen Verläufe der Längs- und Querkräfte zwischen Reifen und dem Untergrund innerhalb der analysierten Reifen sehr unterschiedlich (Abb. 5.38).

Bei Einwirkung eines Störmomentes von außen auf Nutzfahrzeug ist die mit "inertialen" Reifen ausgerüstete Maschine durch eine kleinere Oszillationsfrequenz und eine kleinere Amplitude charakterisiert.

Die Analyse des Ausweichmanövers vor einem Hindernis zeigt, dass der Ausweichfaktor K_A für beide Reifenarten der gleiche ist. Die mit "interialen" Reifen ausgerüsteten Fahrzeuge ereichen jedoch eine andere Zieltrajektorie als die mit "trägheitslosen" Reifen. Auch der Verlauf der Trajektorie ist für beide Reifenarten unterschiedlich. Es ist zu betonen, dass "interiale" Reifen die Fahrstabilität der Fahrzeuge generell verschlechtern.Bei der Simulationsanalyse des Lenk- und Fahrverhaltens von Nutzfahrzeugen wurden auch wesentliche Konstruktionsmerkmale der Lenkanlage berücksichtigt.

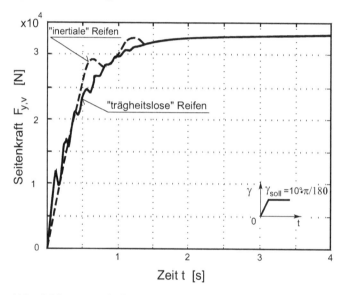

Abb. 5.38. Dynamischer Verlauf der Seitenkraft $F_{y,v}$, generiert zwischen den sog. „inertialen" und sog. „trägheitslosen" Reifen und dem Untergrund des vorderen Gliedes eines knickgelenkten Fahrzeug mit Hinterachsantrieb während einer plötzlichen Richtungsänderung um den Knickwinkel γ_{soll}=10°

Die Analyse der Simulationsergebnisse eines Knickgelenkfahrzeug mit einer mit Verteiler ohne Schwimmstellung ausgerüsteten Lenkanlage ($c_2 = 0$) zeigt, dass die einem äußeren Zwang unterworfenes Fahrzeug, im Sinne des Kriteriums von Lapunov stabil ist. Die Oszillationen des Knickwinkels γ klingen jedoch in der analysierten Zeitdauer nicht ab (Abb. 5.39).

Bei Frequenzen von über 3 Hz neigt die Lenkanlage zu lang anhaltenden Schwingungen, was sich ungünstig auswirkt.

5.2 Simulationsanalyse des Lenk- und Fahrverhaltens

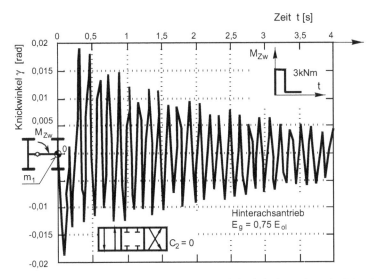

Abb. 5.39. Dynamischer Verlauf des Knickwinkels γ eines knickgelenkten Fahrzeugs mit Hinterachsantrieb, verursacht durch ein Störmoment M_{zw} von außen; ausgerüstet mit einer Lenkanlage mit Verteiler ohne Schwimmstellung ($c_2 = 0$)

Die Einführung eines Verteilers mit Schwimmstellung ($c_2 = 0{,}08$) hat eine Dämpfung der Schwingungen zur Folge (Abb. 5.40).

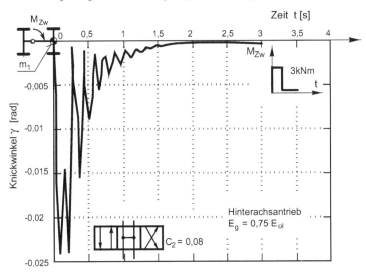

Abb. 5.40. Dynamischer Verlauf des Knickwinkels γ eines knickgelenkten Fahrzeugs mit Hinterachsantrieb, verursacht durch ein Störmoment M_{zw} von außen ausgerüstet mit einer Lenkanlage mit Verteiler mit Schwimmstellung ($c_2 = 0{,}08$)

162 5 Lenkverhalten von Radfahrzeugen mit beliebigen Lenksystemen

Das Fehlen einer Rückführung in der Lenkanlage bewirkt, dass die analysierten Maschinen mit Verteilern mit Schwimmstellung im Sinn des Kriteriums von Lapunov instabil sind (Abb. 5.41). Natürlich kann der Fahrer durch sein Eingreifen in den Fahr- und Lenkvorgang die Stabilität des Fahrzeugs gewährleisten, doch es erfordert Können und viel psychische und physische Anstrengung.

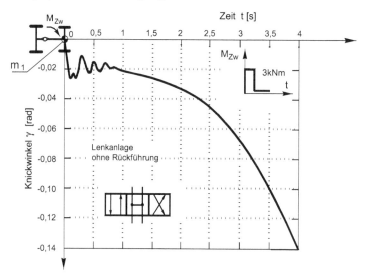

Abb. 5.41. Dynamischer Verlauf des Knickwinkels γ eines knickgelenkten Fahrzeugs mit Hinterachsantrieb, verursacht durch ein Störmoment M_{zw} von außen; ausgerüstet mit einer Lenkanlage ohne Rückführung und mit einem Verteiler mit Schwimmstellung

6 Dynamische Kippstabilität der Nutzfahrzeuge

6.1 Problem der Kippstabilität

Nutzfahrzeuge (industrielle Fahrzeuge), zu denen mobile Arbeitsmaschinen, z.B. Radlader, landwirtschaftliche Maschinen usw. gehören, sind der Einwirkung von verschiedenen Belastungen ausgesetzt, die vorwiegend aus der Bewegung der Maschine auf einem stark geneigten Untergrund mit großen Unebenheiten, Belastungen des Arbeitssystems wie auch aus zu großen Beschleunigungen/Verzögerungen des Auslegers oder des Fahrgetriebes resultieren.

In Folge dieser Einwirkungen kann es zur Störung des Gleichgewichtszustands der Maschine oder sogar zu deren Umstürzen kommen (Abb. 6.1).

Abb. 6.1. Abgestürzter Radlader

Das Problem der Stabilität von Nutzfahrzeugen ist sehr wesentlich in Bezug auf die Anforderungen der Arbeitssicherheit. Jedes Jahr werden in vielen Ländern der Welt Fälle von Stabilitätsverlust an Nutzfahrzeugen registriert, die oft den Tod des Fahrers zur Folge haben. Von der Wichtigkeit des Problems zeugen z.b. in den USA durchgeführte Untersuchungen. Auf ihrer Grundlage wurde festgestellt, dass etwa 15% der registrierten Falle von Stabilitätsverlust mobiler Arbeitsmaschinen mit dem Tod des Maschinisten endeten.

Das Problem der Kippstabilität ist besonders wichtig in herkömmlichen Nutzfahrzeugen mit Knicklenkung. Trotz vieler Betriebsvorteile weisen diese Maschinen auf geneigten Arbeitsflächen eine schlechtere Kippstabilität auf, als konventionelle Maschinen mit lenkbaren Rädern.

Zur Zeit werden in mobilen Arbeitsmaschinen zum Schutz des Maschinisten beim Umkippen der Maschine verstärkte Kabinen vom Typ ROPS (roll-over protective structure) angewandt. Die Anforderungen, die an solche Kabinen gestellt werden, regeln entsprechende Vorschriften und Normen, z.B. ISO 3471-1880. In manchen Ländern, z.B. Deutschland, werden als zum zusätzlichen Schutz des Fahrers besondere Sitze mit Zweipunktsicherheitsgurt angewandt.

Die oben erwähnten Sicherungen sind passiver Art und sollen den Fahrer nur beim Umkippen der Maschine schützen. Diese Lösungen sichern die Maschine leider nicht vor Stabilitätsverlust, was in der Regel mit Beschädigung der Stahlkonstruktion und Gefährdung des Fahrers sowie in der Nähe arbeitender Personen verbunden ist.

Aus der Literatur bekannte Analysen der Kippstabilität z.B. [97, 121] mobiler Arbeitsmaschinen erschöpfen nicht das wesentliche Problem, denn sie beschäftigen sich hauptsächlich mit der quasistatischen Stabilitätsanalyse. Die Beurteilung der mit diesen Methoden erhaltenen analytischen Ergebnisse, also die Feststellung, ob die Maschine die Stabilitätsanforderungen erfüllt oder nicht, hängt vor allem von der Erfahrung der die Analyse durchführenden Person, den Vorgaben bei der Konstruktion und den geltenden Vorschriften ab. Die statische Kippstabilitätsanalyse ist, trotz der vorgegebenen dynamischen Beiwerte, die die statischen Momente erhöhen, immer mit der Unsicherheit belastet, ob die dynamischen Vorgänge beim Betrieb der Arbeitsmaschine richtig berücksichtigt wurden. Vorgänge, wie z.B. Fahrt der Maschine auf Unebenheiten und/oder auf geneigtem Untergrund werden nicht in Betracht gezogen.

Betriebsbeobachtungen dieser Klasse von Objekten zeigen, dass die tatsächliche dynamische Stabilität eines Nutzfahrzeugs kleiner als die allgemein bestimmte statische Stabilität ist.

An der TU Wrocław, im Lehrstuhl für Arbeitsmaschinen und Industrielle Fahrzeuge (ZIMRiPP) des Instituts für Maschinenkonstruktion und -betrieb, werden komplexe wissenschaftliche Arbeiten durchgeführt, die das Ziel haben, die Problematik der dynamischen Stabilität von Nutzfahrzeugen zu klären sowie innovative Lösungen zu finden, die die Arbeitssicherheit der mobilen Maschinen erhöhen. In Abb. 6.2 wurde graphisch die „Arbeitsphilosophie" des Lehrstuhls für Arbeits- und Industriefahrzeuge (ZIMRiPP), die die komplexe Lösung der Probleme für den Bedarf der Marktwirtschaft ermöglichen, dargestellt.

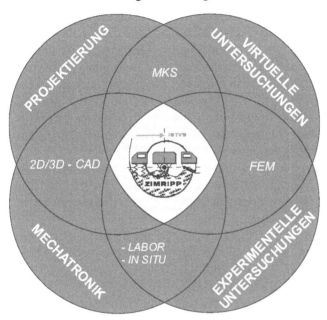

Abb. 6.2. Integriertes System zur komplexen Realisierung innovativer Lösungen für die industrielle Praxis im Lehrstuhl für Arbeitsmaschinen und Industrielle Fahrzeuge (ZIMRiPP)

Wie aus dem obigen Bild zu ersehen ist, bildet ein Element dieses Systems die Mechatronik, die die mechanischen Systeme (darunter auch hydraulische, pneumatische), elektronische und elektrische Systeme sowie die Informatik, integriert. Die Mechatronik ist mit Hightech verbunden und spielt eine immer größere Rolle in der Vervollkommnung von Produkten, darunter auch den Nutzfahrzeugen.

Wie aus den obigen Bemerkungen zu ersehen ist, ist der Projektierungsprozess eines modernen Produkts ein s.g. mechatronisches Projektieren.

6.2 Virtuelle Untersuchungen der dynamischen Kippstabilität

Die am Lehrstuhl für Arbeitsmaschinen und Industrielle Fahrzeuge (ZIMR iPP) der Technischen Universität in Wrocław in Zusammenarbeit mit der Industrie erarbeiteten Erfahrungen zeigen, beim Einhalten der richtigen Regeln der Modellierung und experimentellen Identifizierung unbekannter Modellparameter, eine sehr gute Übereinstimmung der Ergebnisse der Simulationsuntersuchungen mit den Ergebnissen von Experimenten an Prototypen von Maschinen oder Einrichtungen. Die Möglichkeit der Beobachtung des zu untersuchenden Objekts dank der Anwendung von Animations-Postprozessoren hat zur Folge, dass die Projektierung mit Hilfe von 3D-CAD Systemen gekoppelt mit Mehrkörpersystemen (MKS) sowie mit Finiten-Element-Programm-Systemen (FEM), übereinstimmend mit den neuesten Welttrends, die Bildung virtueller Prototypen mechanischer Systeme auch in Megaprojektion (Virtual Reality) ermöglichen. Der vereinfachte Algorithmus des virtuellen Erstellens von Prototypen ist in Abb. 6.3 [38, 92] dargestellt.

Grundsätze des virtuellen Erstellens von Prototypen wurden z.B. bei der Entwicklung einer neuen Generation des Gruben-Förderwagens WKPL-35/40 mit großer Ladefähigkeit angewandt.

Um die auf die Elemente des zu projektierenden Förderwagens einwirkenden Belastungen zu bestimmen, wurde sein Simulationsmodell gebaut. Beim Bau des Modells wurde das System MBS-DADS benutzt. Das im System MBS-DADS gebaute Modell des Förderwagens WKPL-35/40 (Abb. 6.4) bestand aus 16 steifen Körpern, die mit Hilfe des Systems zur geometrischen Modellierung Pro/Engineer bestimmt wurden. Kabine, Motor, Öltank, Schutzbleche, Abdeckungen aus Stahl sowie der Kühler wurden steif mit dem Vorderrahmen des Fahrzeugs verbunden. Der Kasten wurde steif mit dem Hinterrahmen verbunden.

Außer den kinematischen Verbindungen wurden vier Superelemente zur Modellierung der Zusammenarbeit der bereiften Räder mit dem Untergrund angewandt. Dazu war die Kenntnis der Steifigkeitswerte und der radialen Dämpfung der angewandten Reifen erforderlich. Auf Grund der Herstellerangaben wurde die Radialsteifigkeit mit 1.800.000 N/m und die Dämpfung mit 20.000 Ns/m angenommen.

Aufgabe der Simulationsuntersuchungen war die Bestimmung der maximalen dynamischen Belastungen der Gelenke sowie des hinteren Rahmens des Förderwagens beim Überfahren eines symmetrischen und eines unsymmetrischen Hindernisses. Die Ergebnisse waren zur späteren Festigkeitsberechnungen dieser Baugruppen mit Hilfe der FEM unentbehrlich.

6.2 Virtuelle Untersuchungen der dynamischen Kippstabilität

Ein Beispiel der Berechnung des horizontalen Gelenks des Förderwagens ist in Abb. 6.5 dargestellt.

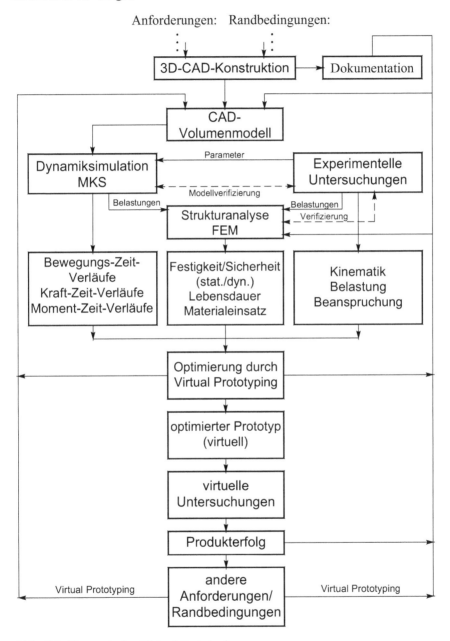

Abb. 6.3. Elemente des Virtual Prototyping

168 6 Dynamische Kippstabilität der Nutzfahrzeuge

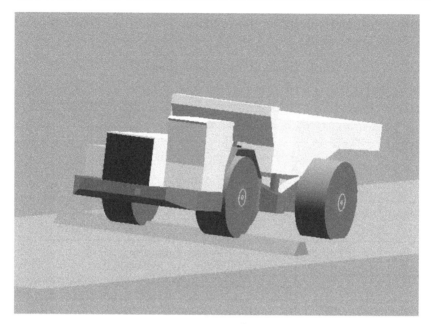

Abb. 6.4. Beispiel der Visualisierung der Überfahrt des virtuellen Förderwagens über ein symmetrisches Hindernis mit einer Höhe von 300 mm

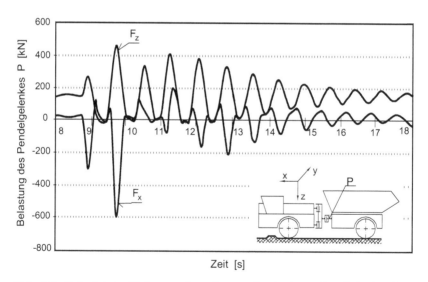

Abb. 6.5. Beispiel der Belastungsberechnung des horizontalen Gelenks eines Förderwagens beim Überfahren eines symmetrischen Hindernisses mit 16 km/h Geschwindigkeit

6.2 Virtuelle Untersuchungen der dynamischen Kippstabilität 169

Auf der Grundlage von Simulationsuntersuchungen wurde festgestellt, dass das Gelenk sowie der hintere Rahmen am meisten beim Überfahren eines symmetrischen Hindernisses belastet sind. Die das Gelenk belastenden Teilkräfte - Längskraft F_x, Vertikalkraft F_z ,und das Drehmoment um die Querachse des Fahrzeugs M_y - erreichen dabei den maximalem Wert. Die maximalen Werte erreichen F_x und F_z beim Herunterfahren (oder eigentlich Herunterfallen) der Räder der Vorderachse vom Hindernis. Der größte Wert des Moments M_y wurde beim Herunterfahren (Herunterfallen) der Räder der Hinterachse festgestellt. Die Werte der Belastungen des Rahmens und des Gelenks bei der Überwindung von unsymmetrischen Hindernissen sind generell bedeutend kleiner als beim Überfahren eines symmetrischen Hindernisses. Hier treten jedoch Teilbelastungen auf, die bei symmetrischen Hindernissen nicht vorhanden sind wie z.B. die Kraft F_y und das Moment M_z die das Gelenk belasten.

Die bei den Simulationsuntersuchungen erhaltenen Belastungswerte wurden bei der Festigkeitsberechnung des Gelenks und des Ladungskastens mit der FEM-Methode ausgenutzt [136].

Beispiele der Berechnungen wurden in Abb. 6.6 dargestellt.

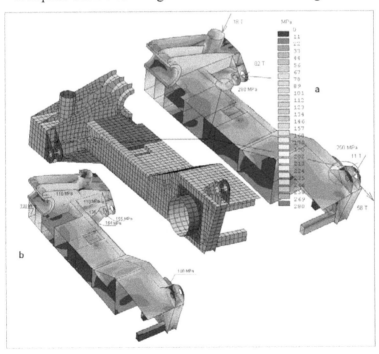

Abb. 6.6. Vergleich der berechneten, reduzierten Spannungen im hinteren Rahmen: a) vor und b) nach der Modifizierung beim Heben des Kastens mit dem Fördergut

Ergebnisse der Festigkeitsanalysen mit Hilfe von FEM ermöglichten die Erkennung der Bereiche in denen die Spannungen die zulässigen Werte überschreiten. Auf dieser Grundlage wurde die Konstruktion modifiziert und zusätzliche Berechnungen vorgenommen. Als Endergebnis wurden die in der Stahlkonstruktion auftretenden Spannungen auf die für den Stahl St52-3 zulässigen Werten reduziert. Der mit Hilfe des Virtual Prototyping entwickelte Förderwagen neuer Generation WKPL-35/40 (Abb. 6.7) arbeitet unter der Erde in einem Kupfererzbergwerk.

Abb. 6.7. Förderwagen mit großer Ladefähigkeit der neuen Generation

Für die Originalität der Lösung und für die Betriebsvorteile die sie sichert, wurden die Projektanten [65] mit dem Preis „Niederschlesischer Meister der Technik" geehrt.

Beim Bau des Simulationsmodells eines Nutzfahrzeugs wurde das System MKS-DADS der Firma LMS/CADSI benutzt. Die Wahl dieses Systems, unter vielen auf dem Markt erhältlichen, wurde von seiner großen Bibliothek für Standardelemente, der offenen Struktur, die die Modifizierung der mathematischen Beschreibung ermöglicht, den ausgereiften Berechnungsalgorithmen sowie seiner Benutzerfreundlichkeit, bestimmt.

Das System DADS funktioniert in Anlehnung an die Philosophie des Mehrkörpersystems (Abb. 6.8). Diese Philosophie beruht generell darauf, dass der Benutzer ein physisches Berechnungsmodell bildet durch Definieren der:

- Geometrie;
- Massen, Trägheitsmomente und Schwerpunktlagen der Einzelkörper des Modells;
- geometrischen und kinematischen Bindungen zwischen den steifen Körpern des Modells;
- Kräften und Erzwingungen, die zwischen den steifen Körpern des Modells wirken;

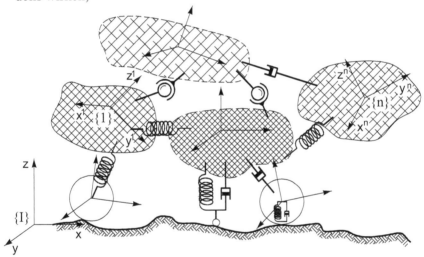

Abb. 6.8. Allgemeines physikalisches Ersatzsystem zur Beschreibung der dynamischen Eigenschaften eines Nutzfahrzeugs

Nach Durchführung der oben genannten Tätigkeiten generiert ein auf die Philosophie des "Mehrkörpersystems" gestütztes Computerprogramm selbsttätig ein System von Bewegungsgleichungen und löst es.

Bei der Ableitung der Bewegungsgleichungen basiert das System DADS unmittelbar auf den Abhängigkeiten von Newton-Euler mit offenen Bindungen. Die Methode führt zur Generierung einer großen Anzahl von linearen Gleichungen im Bereich der veränderlichen Parameter.

Die Theorie ihrer Berechnung wurde, unter anderen, von Edward J. Haug entwickelt [76].
Die für die Simulationsmodelle im System MKS-DADS generierte Bewegungsgleichung hat die folgende, gemischte, differential-algebraische Gestalt

$$\begin{bmatrix} M & 0 & \Phi_r^T \\ 0 & J' & \Phi_\pi^T \\ \Phi_r & \Phi_\pi & 0 \end{bmatrix} \begin{bmatrix} \ddot{r} \\ \dot{\omega} \\ \lambda \end{bmatrix} = \begin{bmatrix} F^A \\ n'^A - \widetilde{\omega} J' \omega' \\ \gamma \end{bmatrix}. \qquad (6.1)$$

Es bezeichnen:
M – Matrix der Massen der Körper des Modells, Φ_π - Jakobiesche Determinante der Rotationsbindungen, J' – Matrix der Trägheit der Massen des Modells, $\ddot{r}$ – Beschleunigungsvektor der Schwerpunkte der Massen des Modells, $\dot{\omega}$ - Vektor der Winkelbeschleunigungen der steifen Körper des Models, λ - Vektor der Lagrange-Multiplikatoren, F^A – an den steifen Körpern des Modells angelegte Kräfte, n'^A – an den steifen Körpern des Modells angelegte Momente, $\widetilde{\omega}'$ – schräg-symmetrische Matrix der Winkelgeschwindigkeiten der Körper des Modells, ω' – Matrix der Winkelgeschwindigkeiten der steifen Körper des Modells, γ – rechte Seite der Gleichung die Beschleunigungen $\Phi_r \ddot{r} + \Phi_\pi \dot{\omega} = \gamma$.

Das oben dargestellte System der gemischten differential-algebraischen Bewegungsgleichungen kann man ableiten in dem man von den variablen Gleichungen von Newton – Euler für steife Körper ausgeht, in deren Schwerpunkten die Mitten der Koordinatensysteme x', y', z' angeordnet wurden.
Die Gleichungen haben folgende Gestalt

$$\delta r^T [m\ddot{r} - F] + \delta\pi'^T [J'\dot{\omega}' + \widetilde{\omega}' J'\omega' - n'] = 0. \qquad (6.2)$$

Es bezeichnen:
δ_r – virtuelle Versetzung des Anfangs des Koordinatensystems x', y', z' des steifen Körpers, m – Masse des steifen Körpers, r – Vektor der die Position des Anfangs des Koordinatensystems x', y', z' in Bezug auf den Anfang des Bezug-Koordinatensystems x, y, z bestimmt, F – Vektor der auf den steifen Körper wirkenden Kräfte, $\delta\pi'$ – virtuelle Drehung des steifen Körpers, n' – Vektor der auf den steifen Körper wirkenden Momente.

Für den Fall, das die Bewegungen des Körpers von keinen Bindungen begrenzt werden, wird die Gleichung 6.2 zu den Gleichungen von Newton-Euler wie unten reduziert

6.2 Virtuelle Untersuchungen der dynamischen Kippstabilität

$$mr' = F, \qquad (6.3)$$

$$J'\omega' = n' - \widetilde{\omega}' J'\omega'. \qquad (6.4)$$

Eine umfassende Beschreibung der im System MKS-DADS benutzten Methoden ist in der Arbeit [94] zu finden.

Als Beispiel wurde die Untersuchung der Kippstabilität eines Nutzfahrzeugs für die allgemein angewandten Rad-Schaufellader mit Knickgelenk durchgeführt (Abb. 6.9). Betriebsuntersuchungen zeigen, dass diese Art von Maschinen mit Ausleger-Arbeitssystemen oft Unfälle durch Verlust der Stabilität erleiden.

Der Knickgelenklader wurde mit folgenden, vereinfachenden Vorgaben modelliert:

- der Lader ist ein Mehrkörpersystem mit steifen Gliedern, die mit reonomischen, holonomischen, zweiseitigen und vollkommenen Bindungen gefesselt sind;
- alle Gelenke der Maschine bilden kinematische Paare mit Beweglichkeit 1. Die aus dem Spiel in den Gelenken resultierende Nachgiebigkeit wird vernachlässigt;
- die von der Arbeit des Motors stammenden Vibrationen sind vernachlässigbar, denn sie haben keinen Einfluss auf die Probleme der dynamischen Stabilität sowie auf die allgemein analysierte Bewegungsdynamik der Maschine;
- die stützenden, nachgiebigen Elemente sind vollkommene Elemente das bedeutet, dass ihre ganze Nachgiebigkeit gedämpft ist und sie können als Kevin-Voigt-Systeme modelliert werden.

Ein Radlader mit Knicklenkung setzt sich aus neun Gliedern zusammen. Es sind: das vordere und hintere Glied, hintere Pendelachse, vier Räder, Ausleger und Schaufel. Die Massen aller dieser Elemente wurden auf die Punkte ihrer physischen Masse-Schwerpunkte reduziert. Das Modell des Laders ist im inertialen, rechtsdrehenden Koordinatensystem nach Descartes {I}, das mit einem beliebigen Punkt auf der von der Maschine befahrenen Flache verbunden ist, beschrieben. Mit jeder Masse des Laders wurde ein örtliches, rechtsdrehendes Koordinatensystem nach Descartes verbunden, das in der Achse des kinematischen Paares angeordnet ist. Dieses Koordinatensystem ist steif mit der Achse verbunden. Es bewegt sich nicht im Verhältnis zum Glied mit dem diese Achse verbunden ist. Die Achse Z der örtlichen Koordinatensysteme ist immer entlang der Achse des Gelenks gerichtet. Da die Schwerpunkte des Körpers und der Schaufel

174 6 Dynamische Kippstabilität der Nutzfahrzeuge

im Raum gegenüber den Gliedern wandern, so sind auch zeitlich die Werte der Tensoren der Trägheitsmomente dieser Glieder veränderlich.

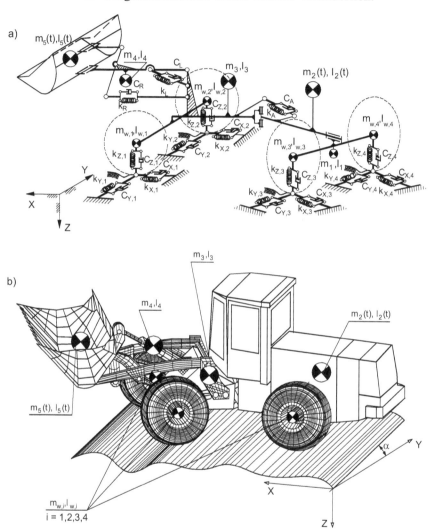

Abb. 6.9. Strukturelles Modell eines Radladers mit Knicklenkung: a) physikalisches Ersatzsystem, b) Computerprojektion

An mit Hilfe des Systems MKS-DDS durchgeführten Simulationsuntersuchungen wurde festgestellt, dass z.B. beim Fahren eines Nutzfahrzeugs am Hang über Geländeunebenheiten ein plötzliches Anwachsen des Absolutwertes der Winkelbeschleunigung um die Längsachse der Maschine erfolgt. Ursache ist das Anschlagens des Rahmens des hinteren Glieds an den Anschlag der Pendelachse (Abb. 6.10).

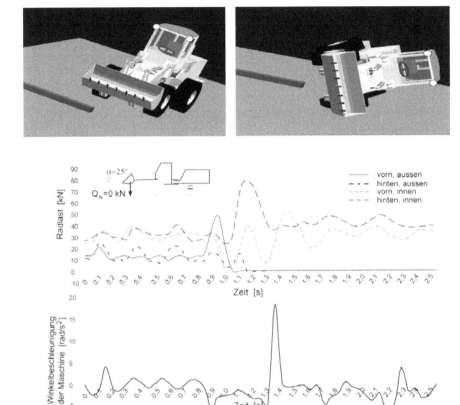

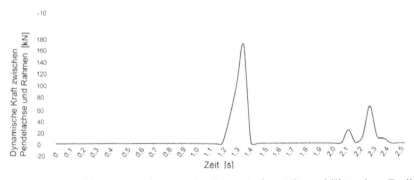

Abb. 6.10. Virtuelle Untersuchungen der dynamischen Kippstabilität eines Radladers mit Hilfe des Systems MKS-DADS

Das in dieser Phase entstandene dynamische Moment versucht zusätzlich das Fahrzeug umzukippen. Die Analyse der Ergebnisse virtueller Untersuchungen zeigte eindeutig, dass die als dynamische Stabilität definierte Kippstabilität immer wesentlich kleiner ist, als die statische Stabilität.

Außerdem wurde festgestellt, dass die größere Durchbiegung und das Einsinken der Reifen der Vorderräder in den Unterboden, das aus der vertikalen Reaktion der Räder am Hang resultiert, zusätzlich die Stabilität der Maschine verschlechtert.

6.3 Aktives System zur Verbesserung der dynamischen Kippstabilität

Auf der Grundlage von virtuellen und experimentellen Forschungsarbeiten wurde in zwei Varianten, PETER I und PETER II ein innovatives, aktives System erarbeitet das die Maschine vor dem Umkippen sichert und ihre Stabilität um mehr als 20% erhöht (Abb. 6.11).

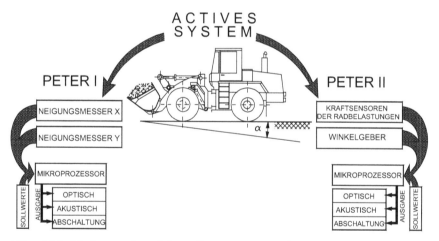

Abb. 6.11. Varianten des aktiven Systems zur Verbesserung der dynamischen Kippstabilität von Nutzfahrzeugen

Das Schema des Systems zur Verbesserung der Stabilität von Nutzfahrzeugen, eingebaut in einem Radlader mit Knicklenkung, wurde in Abb. 6.12 dargestellt.

Das allgemeine Wirkungsprinzip des aktiven Systems PETER I beruht auf der Messung der Neigungswinkel α_x und α_y des Fahrzeugs in zwei Ebenen mit zwei Neigungsmessern 1 sowie – im Fall eines Fahrzeugs mit Knicklenkung – des Knickwinkels γ. Die gemessenen Winkel werden – übereinstimmend mit einem entsprechenden Algorithmus – durch das Mikroprozessorsystem 8 interpretiert. Nach Überschreitung eines als sicher be-

6.3 Aktives System zur Verbesserung der dynamischen Kippstabilität 177

fundenen Grenzwertes der Winkel wird ein akustisches und optisches Warnsystem aktiviert und zusätzlich wird ein System das zeitweilig das Pendeln der Hinterachse eliminiert, eingeschaltet, was die Stabilität der Maschine verbessert.

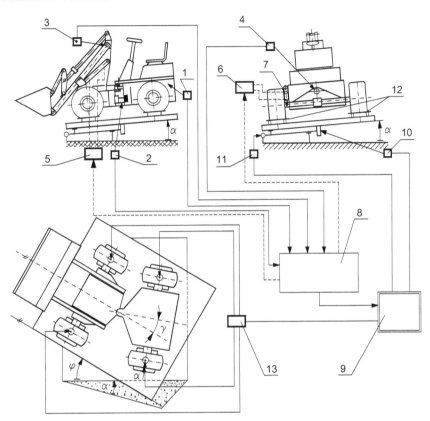

Abb. 6.12. Schema des aktiven Systems PETER I zur Verbesserung der Stabilität einer Maschine mit Knicklenkung sowie einer speziellen Test-Messeinrichtung: 1 – Winkelmessgeber α_x, α_y der Neigung der Maschine im Verhältnis zum Untergrund, 2, 3, 4, 10, 11 – optoelektronische Messgeber des Knickwinkels γ, der Drehung des Auslegers, Auspendelung der Pendelachse, Aufstellung φ der Maschine am Hang, Neigung des Unterbodens α; 5,6 – elektrohydraulische Verteiler der Systeme zur Blockierung des Auslegers und der Pendel-Hinterachse; 7 - Hydraulikzylinder zur Blockierung der Pendelachse; 8 – System zur Daten-Aquisition; 9 - Personalcomputer; 12 – Platteneinrichtung zum Messen der Radlast eines Fahrzeugs; 13 - Messverstärker

Im System ist auch eine Blockierung des Hebens des Auslegers bei Kippgefahr vorgesehen. Die Anwendung eines Membranspeichers mit

Dämpfelementen im Schwingensystem der Hinterachse erhöht die dynamische Stabilität des Nutzfahrzeugs bei der Fahrt über Geländeunebenheiten. Das resultiert daraus, dass der Akku durch Absorbierung von Energie die Kontaktkräfte an den Anschlägen, die die Drehung der hinteren Pendelachse begrenzen, minimiert und die Entstehung schädlicher, großer Winkelbeschleunigungen in der Längsachse des Fahrzeugs verhindert. Das System zur Verbesserung der Stabilität ermöglicht auch die manuelle Blockierung des Schwingensystems des industriellen Fahrzeugs. Es besteht auch die Möglichkeit andere Sicherheitsfunktionen, wie z.B. das Abschalten des Motors, vorzusehen.

Die Variante I des aktiven Systems PETER I ist in Hinsicht auf seine Struktur für Maschinen mit quasistatischem Betriebscharakter zu empfehlen.

Die Variante II des aktiven Systems PETER II berücksichtigt alle statischen und dynamischen Einwirkungen denen die Maschine unterliegt. In diesem System wurde die permanente Messung und Registrierung der Radlasten aller Räder (Abb. 6.13) sowie des Knickwinkels angewandt.

Abb. 6.13. Messgeber zur Messung der Normalreaktionen der Räder, angeordnet auf den Achsen des Nutzfahrzeugs

Für den Fall, dass die Normalreaktion eines der Räder den festgelegten Grenzwert erreicht (nahe Null), erfolgt automatisch das Einschalten des akustischen Warnsignals. Dieses Signal teilt dem Fahrer mit einem bei den

Untersuchungen festgelegten Sicherheitsbeiwert mit, dass Stabilitätsverlust der Maschine droht. Es besteht auch die Möglichkeit der automatischen Blockierung des Auslegers des Laders oder auch der Einstellung der Glieder zur Fahrt geradeaus. In der Kabine wird auf dem Bildschirm ein Piktogramm eingeblendet das über die aktuelle Verteilung der Vertikalbelastung auf die Räder und über den Stand der Arbeitssicherheit informiert. Das System verfügt auch über die Möglichkeit der permanenten Messung und Registrierung der Masse der Nutzladung, was die Bestimmung der laufenden Effektivität der Maschine in ihrem Arbeitszyklus ermöglicht.

6.4 Experimentelle Untersuchungen mit dem aktiven System

Experimentelle Untersuchungen des Prototyps des aktiven Systems zur Verbesserung der Kippstabilität der Nutzfahrzeuge, eingebaut in einen Radlader mit Knicklenkung, wurden im Labor des Lehrstuhls für Arbeitsmaschinen und Industrielle Fahrzeuge der TU in Wrocław (Abb. 6.14) auf einem besonderen Prüfstand durchgeführt (Abb. 6.15 sowie Abb. 6.16).

Das mechanische Teil des Prüfstands besteht aus der Hauptplatte, die mit Hilfe einer gelagerten Welle an einem schwenkbaren Rahmen befestigt ist. Die Verbindung ermöglicht die Drehung der Hauptplatte und dadurch Einstellung des zu untersuchenden Fahrzeugs unter einem beliebigen Winkel ϕ. Der schwenkbare Rahmen ist mit Drehgelenken an dem unbeweglichem, unteren Rahmen befestigt der auf dem Unterboden ruht. Zwischen dem unteren und dem schwenkbaren Rahmen sind zwei Teleskop-Hydraulikzylinder angeordnet, die den vorgegebenen Neigungswinkel α der Hauptplatte realisieren.

Hydraulische Antriebe des Prüfstands ermöglichen die stufenlose Regelung des Drucks und der Förderleistung was die Änderung der Untersuchungsbedingungen ermöglicht. Zur Messung der Normalreaktionen der Räder des untersuchten Fahrzeugs wurden tensometrische Messeinrichtungen in Platten-Ringform eingesetzt.

Zwecks mengenmäßiger Identifizierung der Vorgänge im Prozess der dynamischen Stabilität sind Experimente in situ geplant. Für die Durchführung der experimentellen Untersuchungen auf dem Prüfstand wurde eine besondere Einrichtung gebaut, die vorgegebene Kräfte an den Rädern des zu untersuchenden Fahrzeugs erzwingt, Abb. 6.16.

180   6 Dynamische Kippstabilität der Nutzfahrzeuge

Abb. 6.14. Versuchshalle des Lehrstuhls für Arbeitsmaschinen und Industrielle Fahrzeuge der Technischen Universität in Wrocław

Das System zur Akquisition der auf dem Prüfstand zur Untersuchung der Kippstabilität von industriellen Fahrzeugen erhaltenen Messergebnisse setzt sich aus zwei voneinander unabhängigen Messsystemen zusammen: einem analogen und einem digitalen. Das analoge Messsystem (Abb. 6.17) dient zur Messung der Normalreaktionen zwischen den Rädern des untersuchten Fahrzeugs und dem Untergrund.

Abb. 6.15. Radlader Ł052 mit eingebautem aktiven System zur Verbesserung der Stabilität während der Untersuchungen im Labor des Lehrstuhls für Arbeitsmaschinen und Industrielle Fahrzeuge der Technischen Universität in Wrocław

Die Normalreaktionen der untersuchten Maschine verursachen die Verformung der ringförmigen, tensometrischen Umformer deren Ausgangssignale Eingangssignale für den Messumformer 13 sind.

Der Messverstärker verstärkt diese Signale auf ein Niveau, das von der Messkarte 14 akzeptiert wird. Damit wird die analoge Amplitude des Eingangssignals in digitale Gestalt umgeformt. Die digitalen Werte der Spannung werden von einem spezial geschriebenem Programm gelesen und auf der Festplatte des Computers archiviert. Im Messsystem wurden vier Messplatten 12 eingesetzt die unentbehrlich zum Messen der Normalreaktionen zwischen jedem der Räder und dem Unterboden sind. Die Bestandteile des Messsystems der analogen Signale wurden in Abb. 6.18 dargestellt.

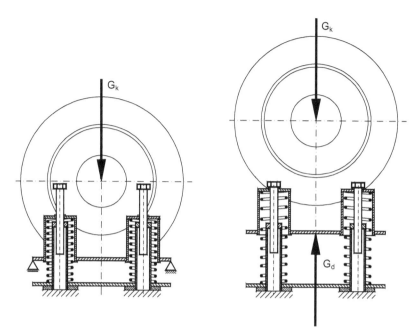

Abb. 6.16. Einrichtung zur Generierung der s.g. Krafterzwingung (F_d) auf das Rad des auf dem Prüfstand zur Untersuchung der statischen und dynamischen Kippstabilität aufgestellten Nutzfahrzeugs; G_k – Teilkraft des Eigengewichts des Fahrzeugs

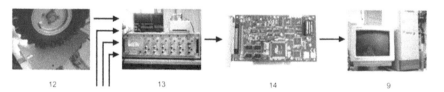

Abb. 6.17. Analoges Messsystem (Bezeichnungen entsprechend Abb. 6.12); 14 – Karte des Umformers A/C

Das digitale Messsystem wurde auf der Basis drehbar –kodierter Winkelumformer, zweiachsiger Analog-Neigungsmesser, eines in eigener Regie entworfenen elektronischen Systems sowie eines Personalcomputers gebaut. Zur Messung des Drehwinkels der Platte auf der der Lader aufgestellt ist, des Knickwinkels der Maschine und des Hebewinkels des Auslegers wurden 8-Bit optoelektronische Sensoren eingesetzt. Zur Messung des Neigungswinkels der Platte und des Schwenkwinkels der Pendelbrücke waren Sensoren mit größerer Genauigkeit erforderlich. In Zusammenhang damit wurde am Drehgelenk des Rahmens der Platte ein 10-Bit opto-

6.4 Experimentelle Untersuchungen mit dem aktiven System

elektronischer Sensor und zur Messung der Schwenkung der hinteren Pendelbrücke ein 12-Bit optoelektronischer Umformer verwendet. Die Messung der Winkel α_x, α_y der Neigung der Maschine zum Untergrund in Richtung der Achse X und der Achse Y erfolgt mit Hilfe des zweiachsigen Neigungsmessers CXTA02. Das System zur Akquisition der vom Lader und von dem Prüfstand erhaltenen Daten wurde in einem besonderen Gehäuse montiert das am inneren Teil der Seitenwand der Kammer für den Akkumulator des Laders befestigt ist.

Das elektronische System wurde so projektiert, damit die Möglichkeit besteht es nicht nur an diesem Messstand zu benutzen. In der Projektionsphase wurde ein modularer Aufbau vorgesehen . Besondere Baugruppen bilden: Modul der digitalen Eingänge, Modul der Ausgänge zum Steuern der elektrohydraulischen Verteiler sowie ein Steuermodul das das „Herz" des ganzen Systems bildet und für das Einsammeln der Informationen von den Sensoren, das Einschalten/Ausschalten der Ausgänge sowie die Kommunizierung mit dem Personalcomputer verantwortlich ist. Außer dem Ablesen der Informationen aus den digitalen Winkelsensoren sammelt das Steuersystem auch die Daten aus dem Neigungsmesser. Die Informationen werden von dem 12-Bit analog-digitalen Umformer an den der Neigungsmesser angeschlossen ist, abgelesen. Integrales Teil des Prüfstands ist ein spezial entwickeltes Computerprogramm, das das Ablesen und Sammeln der bei der Untersuchung einfließenden Daten ermöglicht. Beispiele der bei den experimentalen Untersuchungen erhaltenen Ergebnisse, die den Einfluss des aktiven Systems auf die Stabilität des Nutzfahrzeugs zeigen, sind in Abb. 6.19 und 6.20 dargestellt.

Experimentelle Untersuchungen der Varianten PETER I und PETER II des Prototyps des aktiven Systems zur Verbesserung der Stabilität von Nutzfahrzeugen bestätigten im vollen Umfang die Ergebnisse der Simulationsuntersuchungen.

Zur Zeit wird im Institut für Konstruktion und Betrieb von Maschinen der Technischen Universität in Wrocław eine Doktorarbeit aus dem Bereich der dynamischen Stabilität von Nutzfahrzeugen [142] abgeschlossen. Die in dieser Arbeit gewonnenen Erkenntnisse werden nach ihrer Veröffentlichung zusätzlich interessante wissenschaftliche wie auch für die Praxis wertvolle Informationen liefern.

Vorteile der innovativen Konstruktion:

- Ein aktives System zur Verbesserung der dynamischen Stabilität von Nutzfahrzeugen, eine kein Pendant besitzende Lösung, die signifikant die Arbeitssicherheit dieser Fahrzeuge verbessert.

184   6 Dynamische Kippstabilität der Nutzfahrzeuge

- Das patentierte System hat die Erhöhung der Stabilität der Maschine um über 20% zur Folge und beugt ihrem Umkippen vor (Abb. 6.16).
Das der Erfindung entsprechende, patentierte System kontrolliert permanent die Belastung der Räder oder die Neigungswinkel der Maschine und warnt den Maschinisten vor Kippgefahr oder beugt ihr vor durch: automatische Blockierung des Hebens des Auslegers und/oder es schaltet automatisch ein zusätzliches Blockierungssystem, z.B. des Pendelns der Hinterachse ein.

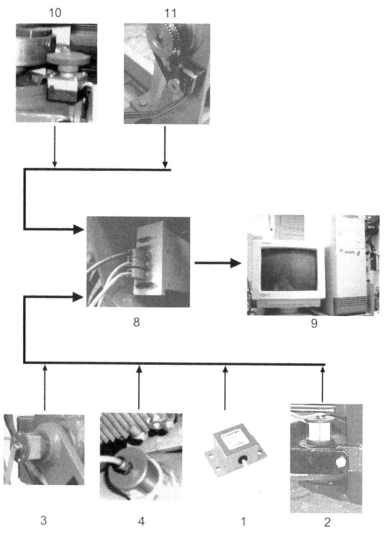

Abb. 6.18. Messsystem für digitale Signale (Bezeichnung entsprechend Abb. 6.12)

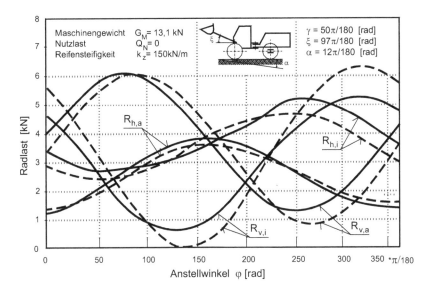

Abb. 6.19. Einfluss des Anstellwinkels φ einer knickgelenkten Maschine am Hang auf ihre Radlastverteilung:
- - - Maschine mit pendelnder hinterer Achse;
—— Maschine mit blockierter hinterer Achse (mit aktivem System)

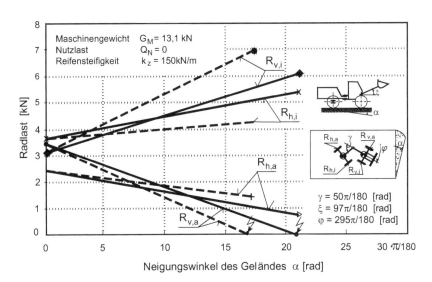

Abb. 6.20. Einfluss des Gelände-Neigungswinkels α auf die Radlastverteilung einer knickgelenkten Maschine:
- - - Maschine mit pendelnder hinterer Achse;
—— Maschine mit blockierter hinterer Achse (mit aktiven System)

Abb. 6.21. Diploma von BRUSSELS EUREKA 2002

- Das aktive System hat eine wesentliche Steigerung der Leistungsfähigkeit der Maschine zur Folge.

6.4 Experimentelle Untersuchungen mit dem aktiven System 187

Dank der laufenden Kontrolle der Stabilität der Maschine besteht die Möglichkeit der Verminderung des s.g. Norm-Stabilitätsbeiwerts der Maschine und dadurch der Erhöhung der Tragkraft des Laders. Praktisch bedeutet das, dass auf dem gleichen Radlader eine größere Schaufel montiert werden kann.
- Die mechatronische Einrichtung registriert automatisch die Leistungsfähigkeit des Laders in seinem Arbeitszyklus, erhöht den Arbeitskomfort des Fahrers und besitzt ökologische Vorteile.
- Das aktive System zur Verbesserung der Stabilität eines Radfahrzeugs ist einfach und kann ohne Schwierigkeiten in serienmäßig produzierten Maschinen eingebaut werden.
- Die Einrichtung, entsprechend der obigen Beschreibung erweckt in Bezug auf ihre einfache Lösung, ihre Betriebsvorteile sowie das gute Preis-Leistungsverhältnis großes Interesse. Im Kontext breit gefächerter Bauarbeiten mit Anwendung mobiler Arbeitsmaschinen und den damit verbundenen Sicherheitsanforderungen, wird diese innovative Erfindung eine besondere Bedeutung haben.

Das aktive System zur Verbesserung der dynamischen Stabilität von Nutzfahrzeugen erhielt auf der 51. Weltmesse für Erfindung, Forschung und Neue Technologien BRUSSELS EUREKA 2002 eine Goldmedaille (Abb 6.21).

Literaturverzeichnis

1. Adams WJ (1959) Steering and Traction Characteristics of Rubber - Tired and Crawler Vehicles. SAE Trans. 67
2. Andrzejewski R (1997) Fahrstabilität der Radfahrzeuge. (Orig. poln.) WNT
3. Armbruster K, Kutzbach HD (1989) Development of a Single Wheel Tester for Measurements at Driven Angled Wheels. 4th ISTVS European Conference, Wageningen, The Netherlands, 21-23 March
4. Baumgartner W (1982) Traktionsoptimierung von EM-Reifen in Abhängigkeit von Profilierung und Innendruck. Dissertation, Universität Karlsruhe
5. Bekker MG (1960) Off-the-Road Locomotion. The University of Michigan Press, Ann Arbor
6. Bekker MG (1960) Theory of Land Locomotion. The University of Michigan Press, Ann Arbor
7. Bekker MG (1969) Introduction to Terrain-Vehicle System. The University of Michigan Press, Ann Arbor
8. Betzler J, Breuer B (1987) Untersuchung der Fahrsicherheit schnell fahrender ungefederter Fahrzeuge auf befestigten Fahrbahnen. 9-th International Conference of ISTVS, Barcelona, 31-st August - 4 September
9. Blumenthal R (1960) Technisches Handbuch Traktoren. VEB Verlag Technik Berlin
10. Brenninger M (1999) Four-Wheel-Driven Tractors and the Effect of Circulating Power. Proc. of 13th International Conference of the ISTVS, Munich, Germany, September 14-17
11. Budny E, Szlagowski J (2000) Proc. of the International Symposium on Automation and Robotics in Construction. Kraków, Poland, September 10-12
12. Chronis NP (1987) Microprocessor - Aided Equipment Proves Productive and Reliable. COAL AGE, July
13. Clark SK (1982) Mechanics of Pneumatic Tires. US. Department of Transportation. National Highway Traffic Safety Administration Washington, D.C. 20590
14. Crolla DA (1981) Off-Road Vehicle Dynamics. Vehicle Systems Dynamics, Nr. 1
15. Crolla DA, El-Razaz ASA (1987) A Review of the Combined Lateral and Longitudinal Force Generation of Tires an Deformable Surfaces. Journal of Terramechanics, Vol. 24, No. 3
16. Crolla DA, Horton DNL (1983) The Steering Behaviour of Articulated Body Steer Vehicle. I. Mech. E. University of Leeds

17. Crolla DA, Maclaurin EB (1986) Theoretical and Practical Aspects of the Ride Dynamics of Off-Road Vehicle. Part 1, Journal of Terramechanics, Vol. 22, 1985, No. 1 and Part 2, Journal of Terramechanics, Vol. 23, No. 1
18. Dixon JC (1991) Tires, Suspension and Handling. Cambridge University Press
19. Dudziński P (1977) Methode zur Auslegung des Lenksystems bei Maschinen mit Knicklenkung (Orig. poln.). Technische Universität Wrocław, Dissertation
20. Dudziński P (1978) Prinzipien zur Bestimmung der Nominalgeschwindigkeit für Fahrzeuge mit Knicklenkung unter Einsatzbedingungen. (Orig. poln.), Technika Motoryzacyjna, Nr. 12
21. Dudziński P (1981) Wheel Slip and Slides During Turning in Articulated Vehicles. International Journal of Vehicle Design, Vol. 2, No. 4
22. Dudziński P (1982) The Problems of Turning Process in Articulated Terrain Vehicles. 7-th ISTVS International Conference Calgary, Canada, August 81, und Journal of Terramechanics, Vol. 19, No. 4
23. Dudziński P (1984) Steering: State of the Art Report. Hauptreferat für den internationalen ISTVS Kongress, Cambridge, England, August 1984 und Journal of Terramechanics, Vol. 21, No. 2
24. Dudziński P (1985) Einsatzoptimierung der mobilen Baumaschinen durch die Anwendung der Mikroelektronik. Unveröffentlichte Arbeit, Institut für Maschinenwesen im Baubetrieb, Technische Universität Karlsruhe, September
25. Dudziński P (1986) Problems in Steering of Articulated Vehicles. Hauptreferat für den internationalen FISTA Kongress, Belgrad, Jugoslawien
26. Dudziński P (1986) The Problems of Multi Axle Vehicle Drives. Third IAVD Congress on Vehicle Design and Components, Geneva, March 1986 und Journal of Terramechanics, Vol. 23, No. 2
27. Dudziński P (1987) Konstruktionsmerkmale bei Lenksystemen an mobilen Erdbaumaschinen mit Reifenfahrwerken. Monographie: Veröffentlichungen des Instituts für Maschinenwesen im Baubetrieb der Universität Karlsruhe, Reihe G/Heft 4, Karlsruhe
28. Dudziński P (1988) Analyse der kinematischen Unstimmigkeit der Fahrmechanismen von Mehrachs-Radfahrzeugen mit beliebigem Lenksystem unter dem Aspekt ihres Betriebsnutzens. (Orig. poln.), unveröffentlichte Arbeit, TU Wrocław
29. Dudziński P (1988) Steering: Hauptreferat für den internationalen ISTVS Kongress, Barcelona, Spanien, 31. August bis 4. September 1987 und Journal of Terramechanics, Vol. 25, No. 2
30. Dudziński P (1989) Design Characteristic of Steering Systems for Mobile Wheeled Earthmoving Equipment. Journal of Terramechanics, Vol. 26, No. 1
31. Dudziński P (1989) Lenkverhaltenuntersuchungen eines Knickradladers. (Orig. poln.), unveröffentlichte Arbeit, Wrocław
32. Dudziński P (1989) Mathematisches Modell des Lenk- und Fahrverhaltens von Rad-Maschinen mit beliebigen Lenksystemen und beliebigen Fahrwerksantrieben. (Orig. poln.), unveröffentlichte Arbeit, TU Wrocław

33. Dudziński P (1989) The Principles for Designing the Optimum Steering Gears in Frame Steered Construction Machines. International Conference of Science and Technology "Science and Practice in the Development of Loaders", Wrocław, June 22-24, Poland
34. Dudziński P (1991) Vergleich verschiedener Lenksysteme bei geländegängigen Maschinen mit Radfahrwerken und verschiedenen Antriebsarten. Technische Universität Dresden, Habilitation
35. Dudziński P (1993) Eine Anlage für die Reifenschlupfbeschränkung im Lenkvorgang eines Fahrzeugs mit Knicklenkung. Patent PL Nr. 160859
36. Dudziński P (1999) Problems of Dynamic Rollover Stability on Wheeled Off-Highway Vehicles. Proc. of 13th International Conference of the ISTVS, Munich, Germany, 14.-17. September
37. Dudziński P (2000) Probleme der statischen und dynamischen Standsicherheit von industriellen Radfahrzeugen. Theorie und innovative Lösungen. Unveröffentlichte Arbeit. Technische Universität Wrocław
38. Dudziński P (2003) Virtuelle und experimentelle Untersuchungen in der Projektierung von industriellen Fahrzeugen. (Orig. poln.). Transport przemysłowy, Nr. 1
39. Dudziński P, Ketting M (1997) New elastomer belt tracked vehicle systems. Conference "Challenges to Civil and Mechanical Engineering in 2000 and beyond", Wrocław, June 2-5, Poland
40. Dudziński P, Mendelowski P (2000) Wirkungsprobleme mehrachsiger Antriebe an industriellen Fahrzeugen (Orig. poln.). Konferenz „Entwicklungsprobleme der Arbeitsmaschinen". Zakopane, Polen, 24.-27. Januar
41. Dudziński P, Pieczonka K (1978) Einfluss der Kopplung von Antriebsachsen auf den Lenkvorgang von Fahrzeugen mit Knicklenkung. (Orig. poln.), Rozwoj Naukowych Podstaw Budowy Pojazdow Samochodowych, Polska Akademia Nauk, Wydawnictwo Ossolineum
42. Dudziński P, Pieczonka K (1979) Die Probleme von Baumaschinen mit Knicklenkung. Internationale Fachtagung Baumaschinen, Magdeburg, Mai und Wissenschaftliche Zeitschrift der Technischen Hochschule Otto von Guericke Magdeburg Nr. 24, Heft 4
43. Dudziński P, Pieczonka K (1980) Kinematische Unstimmigkeit und die Methoden ihrer Eliminierung in der Antriebsanlage der Knicklenker. (Orig. poln.), Przegląd Mechaniczny, Nr. 13
44. Dudziński P, Pieczonka K (1980) Probleme kinematischer Unstimmigkeiten zwischen Antrieb und Reifenfahrwerk bei Geländefahrzeugen. (Orig. poln.), Wissenschaftliche Konferenz unter dem Titel: „Geländefahrzeuge", Kroscienko
45. Dudziński P, Pieczonka K (1988) Schutzmethode und -system eines Fahrzeuges mit Reifenfahrwerk vor dem Umsturz. Patent PL Nr. 163932
46. Dudziński P, Pieczonka K (1988) Standsicherheitsprobleme im Betrieb von Frontladern unter dem Aspekt des aktiven Schutzes vor dem Umsturz der Maschine. (Orig. poln.), II. Konferenz unter dem Titel: "Probleme der Konstruktionsentwicklung schwerer Arbeitsmaschinen", OBRMZiT HSW Stalowa Wola, Polen, September

47. Dudziński P, Pieczonka K (1989) Automatic System of Warning and Preventing a Machines from Losing its Stability in Wheeled Building Machines. International Symposium on the Automation of Construction Processes and Construction Machines, May 2-25, Magdeburg/Berlin
48. Dudziński P, Pieczonka K (1989) Systems for Automatic Control of Stability and Bucket Loads in Wheel Loaders. International Conference of Science and Technology "Science and Practice in the Development of Loaders", Wrocław, June 22-24, Poland
49. Dudziński P, Pieczonka K (1991) Automated Devices to Eliminate Undesirable Performance in Mobile 4WD Construction Machines. Proc. of the 8th International Symposium ISARC, Fraunhofer Institute, Stuttgart, Germany, June 3-5
50. Dudziński P, Pieczonka K (1991) The Effect of the Type of Differential Mechanism on Steering Behaviour of Mobile Articulated Frame Steer Vehicles. Zeszyty Naukowe Instytutu Konstrukcji i Eksploatacji Maszyn Politechniki Wrocławskiej, Seria: Współpraca Nr. 4
51. Dudziński P, Pieczonka K (1993) Betriebsaspekte der knickgelenkten Maschinen mit NO-SPIN Mechanismen. (Orig. poln.). Wissenschaftliche Konferenz unter dem Titel: „Entwicklung der Arbeitsmaschinen", Zakopane, Polen, Januar
52. Dudziński P, Pieczonka K (1993) Ein System zur Schaufelnutzlastkontrolle und Messung der Ladeleistung des Radladers. Patent PL Nr. 159730
53. Dudziński P, Pieczonka K (1999) Aktive Sicherheitssysteme mobiler Arbeitsmaschinen. (Orig. poln.). Przegląd Mechaniczny, Nr. 8
54. Dudziński P, Twaróg W (1982) Zur Wahl der Struktur von Stangenmechanismen. Forschung im Ingenieurwesen, Bd. 48, Nr. 1
55. Dudziński P, Twaróg W (1983) Zur Wahl des optimalen Lenksystems eines Geländefahrzeuges mit Knickgelenk. Grundlagen der Landtechnik, Bd. 33, Nr. 5
56. Dudziński P, Hawrylak H, Wermus M (1980) The Selection of Turning Gears in Geometry in Articulated Terrain Vehicles with the use of Multicriterion Optimization. First European Conference of Terrain Vehicle Systems, März, Rottach Egern. u. International Journal of Vehicle Design, 1980, Vol. 1, No. 4
57. Dudziński P, Pieczonka K, Zieba J (1982) Selbsttätige Anlage zur Entkupplung der Antriebsachsen, Patent PL Nr. 100779
58. Dudziński P, Twaróg W, Miller S (1984) Stangenlenkgetriebe für Fahrzeuge. Patent PL Nr. 124689
59. Dudziński P, Cieślak R, Pieczonka K (1995) Dynamic Stability of Machines with Articulated Frame Steering in Automatic Warning System Aspect. Proc. of the 12th International Symposium on Automation and Robotics in Construction, Warschau, Polen, Mai 30-Juni 01
60. Dudziński P, Pieczonka K, Wysłouch Z (1996) Automatic Systems for Steering and Controlling Bucket Loaders. Proc. of the 1st International Conference „Off-Road Machines and Vehicles in Theory and Practice", Wrocław, Poland, 23.-24. September

61. Dudziński P, Cieślak R, Ketting M (1998) Virtuelle Untersuchungen industrieller Fahrzeuge unter Anwendung des MKS-DADS. (Orig. poln.), Agenda Wydawnicza SIMP, Wrocław, Polen
62. Dudziński P, Kuczyński T, Mastaliński A, Sworobowicz G (1999) Aktives System zur Verbesserung der Standsicherheit an industriellen Fahrzeugen. Patentanmeldung
63. Dudziński P, Kosiara A, Jasek K, Łużyniecki P (2001) Neue Generation der Aufhängung von Radtransportwagen mit Knicklenkung für die Anwendung im Erzbergbau. (Orig. poln.), Industriebericht, Wrocław
64. Dudziński P, Roos H, Madejski W (2002) Automatische Positionierung des Transportfahrzeugs mit Anhänger. (Orig. poln.). Konferenz u. T. „Schienenfahrzeuge 2002", Szklarska Poręba, Polen, September 4-7
65. Dudziński P, Kosiara A, Kubiak D, Łużyniecki P (2003) Neu entwickelter Lastkraftwagen für die Anwendung im Erzbergbau. (Orig. poln.), Transport przemysłowy, Nr. 1
66. Dudziński P, Madejski W, Roos JH (2003) Intelligente Systeme zur Betriebsüberwachung industrieller Fahrzeuge. (Orig. poln.), Transport przemysłowy, Nr. 2
67. Dudziński P, Madejski W, Siwulski T (2003) Prüfstand für experimentelle Untersuchungen der Kippstabilität industrieller Radfahrzeuge. (Orig. poln.). Górnictwo Odkrywkowe, Nr. 4/5
68. Dudziński P, Madejski W, Siwulski T (2003) System zur Verbesserung der dynamischen Kippstabilität industrieller Radfahrzeuge. (Orig. poln.) Raport Serii Sprawozdania S-006/03, Politechnika Wrocławska, Instytut Konstrukcji i Eksploatacji Maszyn
69. Eckardt G, Hartung R (1991) Überwachung der Standsicherheit durch Bordcomputer. Hebezeuge und Fördermittel, Nr. 9
70. Ellis JR (1969) Vehicle Dynamics. London Business Book Limited.
71. Fauner WE (1965) Die Knicklenkung im Blickfeld der Patentliteratur und ihre Verwendung bei Baumaschinen. BMT 4, April
72. Fervers W (1992) Theoretische Herleitung von Lenkmomenten an knickgelenkten Fahrzeugen. Ruhr-Universität Bochum, Fakultät für Maschinenbau, Institut für Maschinenelemente und Fördertechnik. Diplomarbeit bei Prof. G. Wagner, Bochum
73. Freudenstein G (1961) Luftreifen bei Schräg- und Kurvenlauf. Experimentelle und theoretische Untersuchungen an Lkw-Reifen. Deutsche Kraftfahrforschung und Straßenverkehrstechnik, Heft 152
74. Gies S (1993) Untersuchung zum Fahr- und Lenkverhalten von Radladern. Aachen, Rheinisch-Westfälische Technische Hochschule, Dissertation
75. Goberman LA (1979) Theorie, Konstruktion und Berechnungen von Bau- und Straßenmaschinen. (Orig. russ.), Moskau, Maschinostrojenie
76. Haug EJ (1989) Computer Aided Kinematics and Dynamics of Mechanical Systems – Volume I: Basic Methods. Allyn and Bacon
77. Heider H. (1969) Kraftfahrzeug Lenkung. VEB Verlag Technik Berlin
78. Henter A (1991) Tödliche Unfälle mit Baggern und Ladern im Hebezeugeinsatz. Sicherheitsingenieur, Nr. 5

79. Hofmann K (1969) Fahrmechanischer Vergleich verschiedener Traktorkonstruktionen. Habilitation, Technische Universität Dresden, Berlin
80. Hofmann K, Buchmann R (1971) Bestimmung der Blindkraft bei starrem Mehrachsantrieb von Fahrzeugen. Deutsche Agrartechnik, Berlin
81. Hofmann K, Müller H (1974) Vertikal- und Horizontalkräfte an luftbereiften Rädern beim Überfahren von Hindernissen. Agrartechnik 24
82. Hohl GH (1996) ADM-the Automatic Drive-Terrain System a Step Forward in Off-Road Mobility. Proc. of 1st International Conference „Off-Road Machines and Vehicles in Theory and Practice", Wrocław, Poland, September 23-24
83. Holm JC (1970) Articulated Wheeled Off-the-Road Vehicles. Journal of Terramechanics, Vol. 7, Nr. 1
84. Horton DNL, Crolla DA (1984) The Handling Behaviour of Road Vehicle. Int. Journal of Vehicle Design, Vol. 5
85. Horton DNL, Crolla DA (1986) Theoretical Analysis of the Steering Behaviour of Articulated Frame Steer Vehicle. Veh. Syst. Dynamics 15, No. 4
86. Jabłoński JE (1971) Simulation of the Steering Responses of a Vehicle with Articulated Steering. M.Sc. Thesis, Cranfield Institute of Technology
87. Jante A (1963) Die Grundlagen der Fahrstabilität. Akademie-Verlag, Berlin
88. Jara A (2000) Einfluss der PU-Reifen auf den Energieverbrauch von Fahrzeugen. (Orig. poln.). (Doktorvater Prof. P. Dudziński), Technische Universität Wrocław, Polen, Dissertation
89. Kaden Rh (1994) Lenksysteme bei Ladern. BMT 5, Oktober
90. Kaup, Kling, Maibaum (1973) Lenkanlagen von Kraftfahrzeugen und deren Anhängern. Verlag des TÜV Bayern e.V., München
91. Koch M (1995) Entwicklung eines Regelungskonzepts zum positionsgenauen Rückwärtsrangieren eines Lastzuges mit Drehschemelanhänger. Technische Universität Stuttgart, Institut für Fördertechnik und Logistik. Diplomarbeit bei Prof. H. Roos, Stuttgart
92. Konferenzunterlagen „Virtual Prototyping im Baumaschinenbereich", IAMT–Ingenieurgesellschaft für Allgemeine Maschinentechnik mbH, Plauen, 1999
93. Konferenzunterlagen des 4. Grazer Allradkongress „Neuer Schwung durch Elektronik", 13. und 14. Februar 2003
94. Kosiara A (2000) Einfluss der adaptiven Laufrollenaufhängung eines Kettenfahrzeugs auf Betriebseigenschaften von industriellen Fahrzeugen. (Orig. poln.). Technische Universität Wrocław, Polen, Dissertation, (Betreuer: Prof. P. Dudziński)
95. Krick G (1971) Die Wechselbeziehung zwischen starrem Rad, Luftreifen und nachgiebigen Boden. Dissertation, Technische Universität München,.
96. Kühn G (1984) Die Automatisierung der mobilen Baumaschinen - eine Zukunftsperspektive. BMT 8, August
97. Kunze G, Göhring H. Jacob K (2002) Baumaschinen. Erdbau- und Tagebaumaschinen. Vieweg
98. Kutzbach HD (1985) Anwendung der Mikroelektronik in der Landwirtschaft. Manuskript zum Vortrag am 27.09., Braunschweig-Völkenrode.

99. Lanzendorfer J, Szczepaniak C (1980) Fahrtheorie des Kraftwagens. (Orig. poln.), WKŁ
100. Lemser D (1995) L507 und L509 mit Neuheiten. BMT 1, Februar
101. Levi P, Bräunl Th (1994) Autonome Mobile Systeme. 10. Fachgespräch, Stuttgart, 13. und 14. Oktober, Springer-Verlag
102. Łopatka M, Muszyński T, Przychodzień T (2002) Fahrprobleme der mobilen Arbeitsmaschinen mit Knicklenkung. (Orig. poln.) VIII Międzynarodowe Sympozjum Doskonalenia Konstrukcji oraz Metod Eksploatacji Pojazdów Mechanicznych, Warschau-Rynia, 11. bis 13. Februar
103. Maack HH (1972) Schräglaufuntersuchungen an Reifen auf landwirtschaftlichen Fahrbahnen. Dissertation, Universität Rostock
104. Malinowskij EJu, Gajzgori MM (1974) Dynamik der knickgelenkten Maschinen mit Radfahrwerk. (Orig. russ.), Maschinostrojenie, Moskau
105. Mallinckrodt B, Michaelsen T, Weigardt, Schwarting. K.-H (1990) Standsicherheit von knickgelenkten Fahrzeugen mit Torsionsgelenk oder Pendelachse. Dhf Nr. 9
106. Melzer KJ (1981) Analytical Methods and Modeling: State-of-the Art Report. Proc. 7-th Int. Conf. Int. Soc. Terrain Vehicle Systems, Calgary
107. Melzer KJ (1984) Possibilities of Evaluating the Traction of Tires for Offroad Transportation Vehicles. Journal of Terramechanics, Vol. 27, No. 2.
108. Mendelowski P (1999) Einfluss kinematischer Unstimmigkeiten der Antriebe auf den Energieverbrauch von industriellen Radfahrzeugen. (Orig. poln.). Technische Universität Wrocław, Polen, Dissertation, (Betreuer: Prof. P. Dudziński)
109. Mertins K-H (1978) Eigenschaften verschiedener Schlepper-Lenksysteme. Landtechnik, Heft 3. März
110. Mitschke M, Wallentowitz H (2003) Dynamik der Kraftfahrzeuge. Springer-Verlag Berlin-Heidelberg-New York
111. Ogorkiewicz RM (1963) Articulated off the Road Vehicles. The Engineer, Vol. 216, Dez. 12
112. Ohmiya K (1986) Characteristics of from Field Profiles as Sources of Tractor Vibration. Journal of Terramechanics, Vol. 23, No. 1
113. Oida A (1978) Geometrische Spur eines Knickschleppers. Grundl. Landtechnik, Bd. 28, Nr. 5
114. Oida A (1983) Turning Behaviour of Articulated Frame Steering Tractor - Part 1. Motion of Tractor without Traction. Journal of Terramechanics, Vol. 20, No. 3/1
115. Oida A (1987) Turning Behaviour of Articulated Frame Steering Tractor - Part 2. Motion of Tractor with Drawbar Pull. Journal of Terramechanics, Vol. 24, No. 1
116. Owen RH (1982) A Tractor Handling Study. Vehicle Systems Dynamics, Vol. 11 No. 3
117. Owen RH, Bernard JE (1982) Directional Dynamics of a Tractor-Loader-Backhoe. Vehicle Systems Dynamics, Vol. 11, Nr. 4

118. Palczak E (1986) Untersuchungen zur Stabilität von hydraulischen Servoeinrichtungen mit Schiebeverteilern. (Orig. poln.), Prace Naukowe Instytutu Konstrukcji i Eksploatacji Maszyn Nr. 45, Technische Universität Wrocław
119. Palczak E, Stryczek S (1974) Statische Untersuchungen eines Schiebeverteilers mit Schwimmstellung für den Lenkmechanismus von Knick-Radladern. (Orig. poln.), Prace Naukowe Instytutu Konstrukcji i Eksploatacji Maszyn Nr. 24, Technische Universität Wrocław
120. Pauling P, Larson CS (1988) Simulation of an Articulated Wheel Loader Including Model for Earthmoving Tires. Society of Automotive Engineers, September
121. Pieczonka K (1976) Analytische Methoden zur Bestimmung der Konstruktions- und Betriebsparameter bei selbstfahrenden Maschinen mit Knicklenkung. (Orig. poln.), Pr. Nauk. Inst. Konstr: i Ekspl. Maszyn Politechniki Wrocławskiej, Nr. 31
122. Pieczonka K, Dudziński P (1996) Bucket Loader Research in Technical University of Wrocław Proc. of the 1st International Conference „Off-Road Machines and Vehicles in Theory and Practice", Wrocław, Poland, 23.-24. September
123. Plackett CW (1985) A Review of Force Prediction Methods for Off-Road Wheels. J. Agric. Engng., Re. 31
124. Pleschkov DI und andere (1974) Scraper und Transportwagen mit Radfahrwerken. (Orig. russ.), Maschinostrojenie, Moskau
125. Poncyliusz M, Szlagowski J (1993) Automatisierung der Erdbaumaschinen, Stand der Technik und Entwicklungsrichtungen. (Orig. poln.). Prace PIMB, No. 1
126. Poppy W (1986) Hydraulische Tilgung betriebsbedingter Schwingungen bei selbstfahrenden Arbeitsmaschinen. Konstruktion 38, H. 12
127. Poppy W (1986) Vorstellung zukunftsweisender Entwicklungen in der Baumaschinentechnik. BAUMA 86, Deutscher Baumaschinentag, 6. April, München
128. Poppy W, Ulrich, A (1984) Leistungssteigerung und Verbesserung des Fahrkomforts bei selbstfahrenden Baumaschinen durch Reduzierung einsatzbedingter Nick- und Hubschwingungen. 8. ISTVS Kongress, Cambridge, Großbritannien, August
129. Rackham DH, Blight DP (1985) Four-Wheel Drive Tractors - a Review. J. agric. Engng. Res.,31
130. Rathje U (1983) Starrer Antrieb, Ausgleichsgetriebe oder No – Spin im Grader. BMT 1, Januar
131. Rehkugler GE (1982) Tractor Steering Dynamics-Simulated and Measured. Transactions of the ASAE, Paper No. 80- 0136
132. Rehkugler GE, Kim KU (1987) A Review of Tractor Dynamics and Stability. Transactions of the ASAE, Vol. 30(3) May-June
133. Reimpell J, Betzler JW (2000) Fahrwerk: Grundlagen, Vogel Buchverlag, Würzburg
134. Renius K TH (1987) Traktoren. Technik und ihre Anwendung. BLV Verlaggesellschaft mbH, München

135. Renius KTh (1999) Generation Change in Tractor Drive Lines – A Review. Proc. of 13th International Conference of the ISTVS, Munich, Germany, September 14-17
136. Rusiński E (2002) Projektierungsprinzipien der Tragkonstruktionen von Kraftwagen. (Orig. poln.), Oficyna Wydawnicza Politechniki Wrocławskiej
137. Schayegan K (1975) Einfluss von Bodenkonsistenz und Reifeninnendruck auf die fahrdynamischen Grundwerte von EM-Reifen. Dissertation, Universität Karlsruhe
138. Schmidt M (1977) Untersuchungen zum Lenkverhalten an hinterradgelenkten Fahrzeugen. Dissertation, Technische Universität Dresden
139. Scholl RD, Klein RE (1971) Stability Analysis of an Articulated Vehicle Steering Systems. Earthmoving Industry Conference, Peoria, Illinois, April 5-7
140. Schwanghart H (1979) Umsturzverhalten von Traktoren und Auswirkungen auf die Schutzvorrichtungen und die Sicherheit. Habilitationsschrift in der Fakultät Maschinenwesen der Technischen Universität München
141. Shibli F (1995) Untersuchung zur Erhöhung der Kippstabilität von Gabelstaplern. Rheinisch-Westfälische Technische Hochschule, Aachen, Dissertation
142. Siwulski T Modellierung der dynamischen Stabilität von industriellen Radfahrzeugen. (Orig. poln.), Technische Universität Wrocław, Polen, Dissertation in Vorbereitung, (Betreuer: Prof. P. Dudziński)
143. Söhne W (1965) Stand des Wissens auf dem Gebiet der Fahrzeugschwingungen unter besonderer Berücksichtigung landwirtschaftlicher Fahrzeuge. Grundl. Landtechnik, Bd. 15, Nr. 1
144. Sołtyński A (1965) Mechanik des Systems Fahrzeug-Gelände. (Orig. poln.), MON, Warschau
145. Steiner M (1979) Analyse, Synthese und Berechnungsmethoden der Triebkraft - Schlupf -Kurve von Luftreifen auf nachgiebigen Boden. Dissertation, Technische Universität München
146. Stoll H (1992) Fahrwerkstechnik: Lenkanlagen und Hilfskraftlenkungen, Würzburg, Vogel
147. Studziński K (1980) Das Kraftfahrzeuge Theorie, Konstruktion und Berechnung. (Orig. poln.), WKŁ, Warschau
148. Szlagowski J u. andere (2001) Probleme der Automatisierung von Arbeitsmaschinen. (Orig. poln.), MET, Warschau, Polen
149. Szymański K (1961) Problem des Lenkvorgangs von Schlepperzug. (Orig. poln.), Technika Motoryzacyjna, Nr. 8 u. Nr. 12
150. Technische Unterlagen und Prospekte der Firmen Danfoss und der Zahnradfabrik Friedrichshafen
151. Thomas J (1973) Bodenmechanische Einflussgrößen auf den Grab- und Fahrvorgang von Erdbaumaschinen. Hebezeuge und Fördermittel 13, H. 8
152. Tischer W (1987) Lenkanlagen im Einsatz in Baumaschinen. Vortrag - VDBUM
153. Trąmpczyński W (1996) Automatisierung des mechanischen Gewinnungsprozesses von Boden mit Hilfe von Grab- und Ladewerkzeuge in Bauma-

schinen. (Orig. poln.), Instytut Podstawowych Problemów Techniki Polskiej Akademii Nauk, Warschau, Polen
154. Uljanov NA (1982) Radfahrgestelle von Bau- und Straßenmaschinen. (Orig. russ.), Moskau, Maschinostrojenie
155. Ulrich A, Göhlich H (1983) Fahrdynamik von Schleppern mit und ohne Arbeitsgeräte bei höheren Fahrgeschwindigkeiten. Grund. Landtechnik, Bd. 33, Nr. 4
156. Unruh DH (1971) Determination of Wheel Loader Static and Dynamic Stability. Earthmoving Industry Conference Central Illinois, Peoria, Illinois, 5-7 April
157. Unterlagen und Prospekte der Hersteller von industriellen Radfahrzeugen
158. VDI 800 (1990) Baumaschinentechnik: Fortschritte durch Mikroelektronik und Automatisierung. Tagung Baden-Baden, 21. und 22. März, 1990, VDI-Verlag
159. Wehage RA (1986) Vehicle Dynamics: State-of-the-Art Report. Journal of Terramechanics, Vol. 24, No. 4
160. Wissel G, Friedrich K (1982) Konstruktionsmerkmale bei Kleinladern und Baggerladern. VDBUM Seminar 82
161. Wittren RA (1975) Power Steering for Agricultural Tractors, Distinguished Lecture Series No. 1, Chicago
162. Wong JY (1981) On the Study of Wheel soil interaction. Journal of Terramechanics. Vol.21, No. 2
163. Wong JY (1993) Theory of Ground Vehicles. John Wiley and Sons
164. Wray G, Nazalewicz J, Kwitowski (1984) Stability Indicators for Front End Loaders. Proc. of the 8th ISTVS Conference, Cambridge, England, August 6-10
165. Wysłouch Z (1967) Die Erscheinung von Blindleistung in den Antrieben von Erdbaumaschinen. (Orig. poln.), Przegląd Mechaniczny, Nr. 12
166. Wysłouch Z (1989) Ausnutzung der Möglichkeiten der Robotik in der Entwicklung von Baumaschinen. (Orig. poln.), Przegląd Mechaniczny, Nr. 14
167. Zomotor A (1987) Fahrwerktechnik: Fahrverhalten, Vogel Buchverlag Würzburg

Verzeichnis wichtiger Sachwörter

Fett gedruckte Zahlen bezeichnen die Seiten, ab denen das betreffende Sachwort ausführlich behandelt wird (s. – siehe)

Achsschenkellenkung s. Lenkung
-, Achsschenkelbolzenabstand, **30**
-, Lenkgeschwindigkeit, **37**
-, Lenkkinematik, **29**
-, Lenkrollhalbmesser, **31**
-, Lenkwiderstände, **37**
-, Nachlaufwinkel, **35**
-, Spreizungswinkel, **35**
Ackermannwinkel, **32**
Allradantrieb, **105**
-, Blindleistung, **108**
-, kinematische Unstimmigkeit, **105**
-, Leistungsfluss, **108**
Anlaufmoment, **108**
Antriebsradkraft, **59**
-, maximale, **59**

Äquivalenter Hydraulikzylinder, **134**

Ausweichfaktor, **156**, 157

Beschleunigung
-, Winkel-, **54**
Beweglichkeit, **92**
Bewegungsgleichung, **172**
Bewegungstrajektorien, **47**
Blindmoment, **106**
Bremsrad-Fahrbahn
-, Kraftschlussbeiwert-Schlupf-Verhalten, **146**
-, steifer Untergrund, **146**

Differential
-, konventionelles, **58**
-, Selbstsperr-, **59**
Dispositionsmoment, s. Knicklenkung
Dreh-Entspannungskoeffizient des Reifens, **150**
Drehmomentwandler, **65**
Drehzahlgeber, **61**

Eigengewichte
- des hinteren Gliedes, **71**
- des vorderen Gliedes, **71**
Einspurmodell für Fahrverhalten, **120**
Elastizitätsmodul
- der Leitungen, **131**
- für Stahl, **131**
Elektroventil, **61**
Entfernung vom Hindernis, **156**

Fahrverhalten
- bei Allradantrieb, **158**
- bei Hinterradantrieb, **157**
- bei Vorderradantrieb, **158**
- mit beliebigem Lenksystem, **124**
Fahrwerk, s. Lenkung
Fahrwiderstände, **114**
FEM-Berechnungen, **169**

Gesamtlenkübersetzung, **32**
Geschwindigkeit
- des Fahrzeugs, **124**
- des Rades, **149**
Getriebe, **110**

-, Leistungsverluste, **110**
Gleitmodul, **75**

Hebemoment, **40**
Hinterachsantrieb, **159**
Hinterradlenkung, s. Lenkung
Hundegang, **7**
Hydrauliklenkzylinder
-, Arbeits-Kolbenflächen, **131**
-, Leckkoeffizient, **138**
-, lineare Steifigkeit, **132**
-, Wanddicke, **131**

Industrielle Radfahrzeuge, **1**

Kamm'scher Kreis, **145**
Kippstabilität
-, aktive Systeme, **176**
-, dynamische, **163**
-, experimentelle Untersuchungen, **179**
-, virtuelle Untersuchungen, **166**
Knickgelenk, **16**, **24**
Knicklenkung s. Lenkung
-, Anordnung der Hydrauliklenkzylinder, **50**
-, Dispositionsmoment, **62**
-, Lenkgeschwindigkeit im Stand, **51**
-, Lenkgetriebe, **50**
-, Lenkkinematik im Stand, **43**
-, Lenkwiderstände, **61**
-, Lenkzeit, **50**, **83**
-, Nominal-Lenkgeschwindigkeit, **82**
-, Nominal-Lenkwiderstandsmoment, **71**
Kompressionsmodul des Öls, **131**
Kraftschlussbeiwert, **113**
-, Längs-, **140**
-, Quer-, **143**
Kraftschluss-Schlupf-Kurve, **113**
Kraftstoffverbrauch, **116**
-, wesentliche Einflüsse, 116
Kraft-Übertragungswinkel, **52**

Längs-Entspannungskoeffizient des Reifens, **149**
Längskraftschlussbeiwert, s. Reifen
Lenkanlage, **5**
-, Fremdkraft-, **5**
-, Hilfskraft-, **5**
-, Muskelkraft-, **5**
Lenkgetriebe s. Knicklenkung
-, Dispositionsarbeit, **96**
-, nutzbare Arbeit, **96**
-, optimale Geometrie, **88**
-, optimale Struktur, **88**
-, typische, **91**
-, untypische, **91**
Lenktrapez, **34**
Lenkung, **7**
-, Achsschenkel-, **9**
-, Allrad-, **11**
-, Drehschemel-, **8**
-, Hinterrad-, **11**
-, Knick-, **12**
-, Kombinierte, **19**
-, Radseitenlenkung, **20**
-, Vorderrad-, **11**
Luftvolumenanteil im Öl, **131**

Massenträgheitsmoment, **124**
Mechatronik, **165**
Mehrachsfahrzeug, **119**
Momentanpol, **23**
Momente an den Halbachsen, **108**

Nachlauf, **29**
Neigung
- der Maschine, **177**
- des Unterbodens, **177**
Nominal-Aufnahmefähigkeit der Hydrauliklenkzylinder, **87**
Normalreaktionen der Räder, **71**
No-Spin Getriebe, **57**, **58**, **59**, **60**
nutzbare Arbeit des Lenkgetriebes, **96**
Nutzlast des Nutzfahrzeugs, **71**

Pendelachse, 16
-, Hinter-, 16
-, Vorder-, 16
Pendelstange, 16
Platteneinrichtung, 177
Polares Trägheitsmoment der
    Aufstandsfläche, 40
Polyoptimierungsmethode, 97
Protektorstärke, 75

Quer-Entspannungskoeffizient des
    Reifens, 150
Querkraft des Rades, s. Seitenkraft
Querkraftschlussbeiwert des
    Reifens, 143
Querschnittshöhe des Reifens, 72
Querstabilisationsmoment des
    Reifens, 146, 147

Radbelastungen, 71
Reifen
-, Berührungsfläche der Abdrücke,
    73
-, dynamischer Radius, 72
-, kinematischer Radius, 115
-, Längskraftschlussbeiwert, 77, 140
-, Lenkmomente, 76
-, lineare Reifendeformationen, 141
-, mathematisches Modell, 140
-, Querkraftschlussbeiwert, 143
-, Spurenbreite der Abdrücke, 73
-, Spurenlänge der Abdrücke, 73
-, Sturzwinkel, 141
-, Torsionsdeformationen, 141
-breite, 72
-innendruck, 72
-verformungen, 71
Rollwiderstand, 77
Rückstellmoment, 141, 145

Schaufelbreite, 81
Schlupf, 113
-, Längs-, 113
Schräglaufwinkel, 34, 141

Schwerpunktkoordinaten
- der Fahrzeugglieder, 71
- der Nutzlast, 71
Seitenkraft, 141
-, empirisches Modell, 143
Seitensteifigkeitskoeffizient, 143
Simulation
-, FEM, 166
-, MKS, 166
Spaltgrösse im Verteiler, 135
Spannungsmoment, 109
Spreizung, 38
Spurbreite des Fahrzeugs, 71
Stabilität, 153, 163
Standsicherheit, 26
Stangen-Pleuelstangenlenkgetriebe,
    97
Stangen-
    Schwinghebelgelenkgetriebe, 97
Steuerbarkeitsindex, 154
Strukturschemata der Lenkgetriebe,
    95
Struktursynthese, 93
Sturzwinkel, 141

Theoretische Beweglichkeit, 92
Torsions-Entspannungskoeffizient
    des Reifens, s. Dreh-
    Entspannungskoeffizient des
    Reifens
Totlänge des
    Hydrauliklenkzylinders, 100
Traktionskraft, 141
-, empirischen Modell, 142
Treibrad-Fahrbahn, 145
-, Kraftschlussbeiwert-Schlupf-
    Verhalten, 145

Übersetzung in der Lenkung, s.
    Lenkungsübersetzung, 32
Übersteuern, 154

Ungefederte Nutzfahrzeuge, 15
Unstimmigkeitsgrad, 105
Untersteuern, 154

Vergleich von Lenksystemen, **22**
Verteiler
- mit Schwimmstellung, **161**
-, "Druck"-Koeffizienten, **136**
-, "Leistungs"-Koeffizienten, **136**
-, Durchflussbilanzgleichung, **138**
-, maximale Durchflussmenge, **137**
-, Spalt, **137**
-, statische Charakteristika, **136**
Virtual Prototyping, **167**
Vorderachsantrieb, **159**
Vorspur, **29**

Wanddicke
- der Leitungen, **131**
- des Lenkzylinders, **131**
Wankmoment, **141**
Wenderadien, **118**
Wendigkeit, **23**
Wirkungsgrad
- der Achse, **112**
- des Fahrantriebs, **113**
- des Getriebes, **112**
des Knickgelenkes, **70**

Zeitkonstanten, **147**, 148
Zentripetalbeschleunigung, **86**
-, Grenzwert, **86**

Lightning Source UK Ltd.
Milton Keynes UK
UKHW02n0815190618
324453UK00009B/378/P

9 783540 227885